わかりやすい
原子力規制関係の法令の手引き

広瀬研吉著

大成出版社

装幀　道吉　剛

まえがき

　原子力や放射線に係る技術は、高度な総合的技術であるとともに、制度の技術でもあります。潜在的な危険性を有する原子力や放射線に係る技術を社会の中で安全に活用するためには、不断の技術開発とともに制度を適確に構築し、その制度を遵守することと、さらに必要に応じて制度の改善を図っていくことが重要です。

　本書は、原子力や放射線に係る規制の制度、すなわち、原子力の規制関係の法令をできるだけわかりやすく説明しようとしたものです。法令は厳格性が第一であるため、規制の内容の構成という意味ではわかりにくくなっている面もあります。このため、法令の仕組みや原子力規制関係法令の全体的な構成をわかりやすく解説するとともに、次のような点に留意して記述しています。

(1)　原子力や放射性同位元素の安全規制の法律は、「核原料物質、核燃料物質及び原子炉の規制に関する法律」（以下「原子炉等規制法」といいます。）と「放射性同位元素等による放射線障害の防止に関する法律」が中心です。現在、安全（Safety）の規制と、核不拡散のための保障措置（Safeguard）や核セキュリティ（Security）のための核物質防護の規制が「3S」として一体化して取り組まれていますので、核不拡散や核セキュリティに関する規制についても合わせて記述しています。また、原子力災害対策や原子力損害賠償に係る法令については、必ずしも規制の法令とはいえませんが、これらは原子力の安全に密接に関連しますので、「原子力災害対策特別措置法」や「原子力損害賠償法」も本書で取りあげています。核不拡散、核セキュリティ、原子力損害賠償などに関連する国際動向についても説明を加えています。

(2)　原子炉等規制法においては、例えば原子炉の規制は、第四章が「原子炉の設置、運転等に関する規制」となっていて、この章が中心ですが、他の第一章、第六章、第六章の二、第六章の三、第七章及び第八章にも共通的な関連する規制が規定されていますので、これらを合わせてみられるようにしています。なお、原子炉等規制法の第五章の二は「廃棄の事業に関する規制」となっていますが、内容は放射性廃棄

物の管理の事業と、放射性廃棄物の埋設の事業とに分かれます。この2つの事業は、基本的に独立した重要な事業ですので、本書ではそれぞれの事業を分けて説明しています。

(3) 原子炉等規制法に基づく各事業に対する規制は、基本的に①計画・設計段階、②建設段階、③運転段階、④廃止段階の4つの段階に分けることができます。①の計画・設計段階は、初めて原子力施設を建設するか又は大きな変更をするという計画とそのための設計の段階です。②の建設段階は、計画・設計段階で許可又は認可された設計に基づいて、建設又は変更の工事を進める段階です。この段階では、次の運転段階に入るまでに必要な規定類の整備をしておくことも必要になります。③の運転段階は、事業者が所要の規定や遵守するべき義務に従って、原子力施設の運転を行う段階であり、運転状況に対して国の検査等の規制が課せられます。④の廃止段階は、運転の廃止を決め、廃止措置を進めていく段階です。本書では、各事業に対する規制の内容をこれらの4つの段階に分けて説明しています。例えば「保安規定」は、原子炉等の安全な運転のために定めることが求められている重要な規定ですが、原子炉等規制法第37条で、第1項に原子炉施設の場合の保安規定の認可を受けるべきことが出てきて、第5項に保安規定の遵守状況の検査である保安検査のことが出てきます。前者の保安規定の認可は、建設段階になされるべきことであり、後者の保安検査は運転段階でなされることですので、同じ条文の中の規定ではありますが、それぞれの段階に分けて記述してあります。なお、ここに示したように原子炉等規制法の「保安規定の遵守状況の検査」は一般に「保安検査」と呼ばれていますので、このように実際の現場で使われている用語も説明の中で用いています。

(4) 実用発電用原子炉の設置、運転や加工の事業といった原子力活動の単位ごとにおける記述の最後に「規制等のまとめ」の表をつけています。この表では事業の段階別に規制の内容、該当する法律の条数、該当する政令や規則の条数、告示名などをとりまとめました。項目の取りあげ方はできるだけ手続きの順序に従うようにしました。例えば加工事業の規制で、溶接の方法と検査については原子炉等規制法第16条の4に、まず第1項で国の検査を受けるべきことが示され、次に第2

項で検査を受けようとするときは溶接の方法について国の認可を受けるべきことが示されています。本文の記述では説明の都合上、この順序で記述していますが、表では手続きの順序に従って、溶接の方法の認可を先に出し、その後に溶接検査を出しています。
(5) 原子力の規制は、原子炉等規制法に基づく規制が中心ですが、実用発電用原子炉や研究開発段階発電用原子炉の場合は、「電気事業法」も合わせて適用になります。この2つの法律がどのように組み合わされて適用になるかを示しています。
(6) クリアランス制度や耐震設計というような最近の重要な事項については、各種の原子力活動に共通することであり、別に取りあげています。
(7) 実際の規制においては、法律、政令、省令、告示だけでなく、原子力安全委員会の審査指針や学協会の規格などが基準として用いられていますので、原子力活動の種類ごとに関係する法律、政令、省令、告示、原子力安全委員会指針、学協会規格等をリストにして第Ⅷ章に示しています。

　法令の正確な把握のためには、法令本文にあたることが基本ですが、そのようなときに本書が手助けになればと思っています。多くの方にとって、原子力の規制関係の法令がわかりやすいものになるよう、本書が少しでもお役にたつことができればと祈念しています。

　本書を執筆するにあたり、多くの機関や皆様からご支援とご指導をいただきましたことに対しまして、ここに厚く御礼を申し上げます。

2011年3月

　　　　　　　　　　　　　　　　　　　　　　　　　　広瀬　研吉

わかりやすい 原子力規制関係の法令の手引き ●目次

まえがき

Ⅰ．原子力規制関係法令の概要
1．法令の基礎 — 2
（1）法律、政令、省令、告示の階層構造 — 2
（2）条文の条、項、号 — 3
（3）規制関係の法律の構成 — 5
2．原子力基本法と定義政令 — 6
（1）原子力基本法 — 6
（2）原子力基本法に基づく定義 — 6
3．原子力規制関係の法律の種類 — 8
（1）原子力の規制を専門の目的にしている法律 — 8
（2）原子力の規制がその一部として含まれている法律 — 9
（3）原子力災害対策などの措置を求めている法律 — 9
（4）国際約束の履行を担保するための法律 — 9
4．原子力安全委員会の役割 — 10
5．安全規制の法令の内容 — 10

Ⅱ．原子力規制関係法令の動向
1．運転段階の安全規制の充実 — 14
（1）事業者の検査等の取組みの監視 — 14
（2）保全プログラムを基礎とした検査 — 15
（3）高経年化への対応 — 15
（4）パフォーマンスの評価 — 15
（5）確率論的安全評価 — 16
2．基準規格類の性能規定化と体系化 — 16
3．規制活動の支援体制 — 17
4．使用済燃料の管理、放射性廃棄物の廃棄、原子力施設の解体等の安全規制の整備 — 17
5．耐震基準の充実 — 18

6．保障措置、核セキュリティ関係の規制の充実 ──── 18
　　7．原子力災害対策の取組み ──── 19
　　8．放射性同位元素の安全規制における国際基準の取入れ ──── 20

Ⅲ．放射線障害防止の基準
　　1．放射線審議会 ──── 22
　　2．基準の内容 ──── 23
　　　（1）管理区域等の設定 ──── 23
　　　（2）公衆の基準 ──── 25
　　　（3）放射線業務従事者の基準 ──── 25
　　3．緊急作業時の線量限度 ──── 26
　　4．労働安全衛生法に基づく放射線業務従事者の線量限度 ──── 27
　　5．線量目標値 ──── 27
　　6．実効線量と等価線量 ──── 28
　　　（1）実効線量 ──── 28
　　　（2）等価線量 ──── 28

Ⅳ．原子力活動に対する規制
　　1．原子炉等規制法の概要 ──── 30
　　　（1）目的 ──── 30
　　　（2）構成 ──── 30
　　　（3）行政処分 ──── 32
　　2．原子炉の安全規制 ──── 32
　　　（1）実用発電用原子炉の安全規制 ──── 33
　　　（2）試験研究用原子炉の安全規制 ──── 62
　　　（3）研究開発段階発電用原子炉の安全規制 ──── 71
　　3．核燃料サイクル関係事業の安全規制 ──── 84
　　　（1）製錬の事業の安全規制 ──── 84
　　　（2）核燃料の加工の事業の安全規制 ──── 88
　　　（3）使用済燃料の貯蔵の事業の安全規制 ──── 99
　　　（4）再処理の事業の安全規制 ──── 110
　　　（5）放射性廃棄物の管理の事業の安全規制 ──── 121
　　　（6）放射性廃棄物の埋設の事業の安全規制 ──── 132

- 4．核燃料物質・核原料物質の使用の安全規制 ———————— 149
  - （1）核燃料物質の使用の許可 ———————————— 149
  - （2）核原料物質の使用の届出 ———————————— 154
- 5．クリアランス制度 ———————————————————— 156
  - （1）クリアランスの意味 —————————————— 156
  - （2）クリアランスの法制度 ————————————— 157
  - （3）クリアランス制度の適用 ———————————— 158
- 6．輸送の安全規制 ———————————————————— 160
  - （1）陸上輸送 ——————————————————— 161
  - （2）輸送物の区分とその試験条件・技術基準 ————— 164
  - （3）海上輸送 ——————————————————— 174
  - （4）航空輸送 ——————————————————— 174
- 7．建築・耐震設計 ———————————————————— 176
  - （1）建築基準法関係 ———————————————— 176
  - （2）原子力安全委員会の耐震設計審査指針 —————— 176
- 8．国際原子力事象評価尺度（INES） ———————————— 183

V．放射性同位元素（RI）の安全規制

- 1．放射線障害防止法の概要 ———————————————— 186
  - （1）目的と対象 —————————————————— 186
  - （2）法律の構成 —————————————————— 188
- 2．放射性同位元素の使用等の安全規制 —————————— 189
  - （1）使用の許可・届出等 —————————————— 189
  - （2）許可届出使用者等の義務 ———————————— 193
  - （3）放射線取扱主任者 ——————————————— 200
  - （4）表示付認証機器の使用の規制 —————————— 208

VI．核不拡散等の国際約束の担保

- 1．概要 ————————————————————————— 214
- 2．保障措置等の核不拡散関係の規制 ———————————— 216
  - （1）核不拡散条約に基づく保障措置 —————————— 216
  - （2）保障措置に係る規定 —————————————— 218
- 3．核物質防護等の核セキュリティ関係の規制 ———————— 225

（1）概要 ———————————————————— 225
　　（2）核物質防護の規制 ———————————————— 227

Ⅶ．事故対応の措置
　1．原子力災害対策特別措置法 ———————————————— 238
　　（1）概要 ———————————————————— 238
　　（2）原子力事業者等の責務と連携協力 ———————————— 239
　　（3）通常時の備え ———————————————————— 240
　　（4）原子力災害又はそのおそれへの迅速かつ適確な対応 ———— 241
　2．原子力損害賠償法 ———————————————————— 246
　　（1）概要 ———————————————————— 246
　　（2）我が国の原子力損害賠償制度 ———————————— 247
　　（3）国際的な原子力損害賠償制度 ———————————— 254

Ⅷ．法令・基準・指針・規格等の一覧
　1．全般 ———————————————————————————— 258
　2．原子力活動関係 ———————————————————————— 258
　　（1）実用発電用原子炉の規制 ———————————————— 258
　　（2）試験研究用原子炉の規制 ———————————————— 262
　　（3）研究開発段階発電用原子炉の規制 ———————————— 262
　　（4）製錬の事業 ———————————————————— 263
　　（5）加工の事業 ———————————————————— 264
　　（6）使用済燃料の貯蔵の事業 ———————————————— 264
　　（7）再処理の事業 ———————————————————— 265
　　（8）放射性廃棄物の管理の事業 ———————————————— 265
　　（9）放射性廃棄物の埋設の事業 ———————————————— 266
　　（10）高レベル放射性廃棄物の処分 ———————————————— 266
　　（11）核燃料物質の使用 ———————————————————— 266
　　（12）核原料物質の使用 ———————————————————— 267
　　（13）核燃料物質の運搬等 ———————————————————— 267
　　（14）解体・廃止措置関係 ———————————————————— 268
　　（15）クリアランス制度関係 ———————————————————— 268
　3．放射性同位元素等の利用 ———————————————————— 268

4．核不拡散・核セキュリティ関係 ―――――――――― 270
　（1）保障措置関係 ――――――――― 270
　（2）核セキュリティ関係 ――――――― 270
5．原子力災害対策関係 ――――――――――――― 270
　（1）原子力災害対策 ―――――――― 270
　（2）原子力損害賠償 ―――――――― 271
6．環境モニタリング関係 ――――――――――――― 271
7．国際条約関係 ―――――――――――――――― 271
8．IAEAの原子力安全関係の基準類 ―――――――― 272
(参考資料) ――――――――――――――――――― 273

I
原子力規制関係法令の概要

1　法令の基礎

(1)　法律、政令、省令、告示の階層構造

　法令は階層構造になっており、法律の下に政令、省令、告示と順に続きます。法律は国会が決めるものです。原子力規制関係の法律の例として、ここでは「核原料物質、核燃料物質及び原子炉の規制に関する法律」を取りあげます。

　政令は内閣が制定する命令であり、法律から委任を受けて、法律より詳細な内容を規定します。法律の条文の中に、「政令で定める」といった表現を用いて政令で決める部分が示されています。政令の名称は、通常は当該法律名の下に「施行令」と付けます。例えば「核原料物質、核燃料物質及び原子炉の規制に関する法律」の政令は、「核原料物質、核燃料物質及び原子炉の規制に関する法律施行令」で、通常は一つの法律に対して一つの政令が定められます。なお、法律名を用いない政令もあり、例えば「核燃料物質、核原料物質、原子炉及び放射線の定義に関する政令」は、原子力基本法の下の政令であり、原子力基本法第3条の規定に基づき、定義だけを定めた政令になっています。

　省令は各省の大臣が制定する命令であり、法律と政令に基づいて制定され、さらに詳細な内容を規定します。法律又は政令の条文の中に、「経済産業省令で定める」、「文部科学省令で定める」、「主務省令で定める」（関係する省が複数あるとき）などの表現を用いて省令で決める部分が示されています。省令は一つの法律に対して一つとは限らず、法律や政令の求めるところにより、複数制定されることがあります。省令は「規則」という名前が付けられます。例えば「核原料物質、核燃料物質及び原子炉の規制に関する法律」の下に、経済産業省は「実用発電用原子炉の設置、運転等に関する規則」、「核燃料物質の加工の事業に関する規則」などを制定しており、文部科学省は「試験研究の用に供する原子炉等の設置、運転等に関する規則」、「国際規制物資の使用等に関する規則」などを制定しています。なお、例えば「核燃料物質の加工の事業に関する規則」は「昭和41年7月19日総理府令第37号」となっていますが、この

規則の制定当時に旧科学技術庁が加工の事業を所管していたため、制定当時のものとしてこのような総理府令の名称が付けられたものです。加工の事業の所管は現在、経済産業省ですので、この規則は経済産業省の省令になっています。

告示も省令と同じく各省の大臣が定める命令ですが、省令よりもさらに詳しい具体的な数値基準などを示しています。例えば「実用発電用原子炉の設置、運転等に関する規則」に基づき、「実用発電用原子炉の設置、運転等に関する規則の規定に基づく線量限度等を定める告示」が定められており、線量限度等の具体的な数値が示されています。

以上のように、法律の下に政令、省令と告示が階層的に定められていますが、最も重要なことは法律で定め、その法律の枠組みの下で次に重要な枠組みを政令で定め、さらに時代の技術進歩等を適宜、柔軟に反映できるように省令や告示により具体的又は技術的な規則、基準等を定める構造になっています。

(2) 条文の条、項、号

法令の条文は、条、項、号の構造からなっています。

例えば、「核原料物質、核燃料物質及び原子炉の規制に関する法律」の第24条（許可の基準）をみると、次のようになっています。

[注：法令での条などの数字の表現は漢数字ですが、本書では読みやすさを考慮して適宜、西洋数字を用います。また、本書においては法令条文の引用に際して、条文をそのまま引用する場合は"第〇条により、「…」とされ、"という形にし、条文の一部を省略したり若しくはわかりやすい表現にした場合は"第〇条により、…とされ、"という形にしています（「　」内が法令条文引用）。後者の間接的な引用の場合でも条文の引用は漢数字を含めてできるだけ原文通りとしています。また略語の定義については、条文の引用の場合は直接的引用又は間接的引用のいずれの形であっても"（以下「…」という。）"という表現をそのまま用い、著者自らが定義する場合は"（以下「…」といいます。）"という表現を用いています。]

「第二十四条　主務大臣は、第二十三条第一項の許可の申請があつた場合においては、その申請が次の各号に適合していると認めるときでなければ、同項の許可をしてはならない。

一　原子炉が平和の目的以外に利用されるおそれがないこと。
二　その許可をすることによつて原子力の開発及び利用の計画的な

　　　　遂行に支障を及ぼすおそれがないこと。
　　　三　その者（原子炉を船舶に設置する場合にあつては、その船舶を建造する造船事業者を含む。）に原子炉を設置するために必要な技術的能力及び経理的基礎があり、かつ、原子炉の運転を適確に遂行するに足りる技術的能力があること。
　　　四　原子炉施設の位置、構造及び設備が核燃料物質（使用済燃料を含む。以下同じ。）、核燃料物質によつて汚染された物（原子核分裂生成物を含む。以下同じ。）又は原子炉による災害の防止上支障がないものであること。
　２　主務大臣は、第二十三条第一項の許可をする場合においては、あらかじめ、前項第一号、第二号及び第三号（経理的基礎に係る部分に限る。）に規定する基準の適用については原子力委員会、同項第三号（技術的能力に係る部分に限る。）及び第四号に規定する基準の適用については原子力安全委員会の意見を聴かなければならない。」

　これが第24条の全文です。この条文の中に「項」と「号」が含まれています。この条文の第1項とは最初の「主務大臣は、」から始まり、四の終わりまで、すなわち「又は原子炉による災害の防止上支障がないものであること。」までを第24条第1項といいます。そして、第24条第2項は「2　主務大臣は、」から始まり、「原子力安全委員会の意見を聴かなければならない。」までをいいます。第1項の頭に「1」があるとわかりやすいのですが、第1項の「1」は記述されずに「2」以降があることをもって、第1項となります。もちろん条文によっては、さらに第3項以降があるものもありますし、また、項が置かれていないものもあります。次に「号」ですが、第1項中の漢数字を頭にしているところをそれぞれ「号」といいます。すなわち、「一　原子炉が平和の目的以外に利用されるおそれがないこと。」を第24条第1項第1号といい、「二　その許可をすることによつて原子力の開発及び利用の計画的な遂行に支障を及ぼすおそれがないこと。」を第24条第1項第2号といいます。また、第24条第2項の条文中に前項第一号とありますが、これは同条文中の第1項の中の第1号「一　原子炉が平和の目的以外に利用されるおそれがないこと。」を指します。これらの条、項、号を正確に読み取ることが法令の読取りの基本の一つになります。

なお、「核原料物質、核燃料物質及び原子炉の規制に関する法律」を例にとりますと、「第28条」の次に「第28条の2」が続きますが、このような「第○条の△」という形の条は、法律改正等の都合でできている条数であり、「第28条の2」は「第28条」の下部の条でもなく、また「第28条」の枝分かれの条でもなく、「第28条」と同格の条であることを念のために述べておきます。

(3) 規制関係の法律の構成

規制関係の法律は、通常は、①目的、②定義、③規制の内容、そして④罰則という構成からなります。①の目的は、当該法律の目的としているところを示していますが、規制関係の法律ではどのような観点から規制をするのかが示されており、重要な条文です。②の定義は、規制の対象を明確にするために重要なもので、主要なものは法律の最初の部分にまとめて示されます。また、必要に応じ、法律の条文の中であらためて定義が示されることがあります。原子力の規制に関する事柄の定義については、前述のように「原子力基本法」とそれに基づく「核燃料物質、核原料物質、原子炉及び放射線の定義に関する政令」が大筋のところを定めていますが、より詳細な定義は「核原料物質、核燃料物質及び原子炉の規制に関する法律」等の法令の中で示されています。その次に、本体の③の規制の内容が続きますが、規制の内容の代表的なものは規制機関の行う検査や事業者が遵守するべき義務です。この検査と義務は、基本的には表裏一体の関係にあり、事業者に遵守するべき義務を課し、その遵守の状況を検査により確認することになります。法律の条文の組立て方としては、検査と義務は明確に区別して示されています。そのような規制の求めに対して、違反した場合は罰則が科せられることになり、④の罰則の規定が法律の最後の部分に一括して示されています。

2 原子力基本法と定義政令

(1) 原子力基本法

　原子力基本法は、1955年（昭和30年）に我が国が原子力の平和利用を本格的に開始するときに制定された法律です。第1条の目的で「原子力の研究、開発及び利用を推進することによつて、将来におけるエネルギー資源を確保し、学術の進歩と産業の振興とを図り、もつて人類社会の福祉と国民生活の水準向上とに寄与することを目的とする。」とし、第2条の基本方針で「原子力の研究、開発及び利用は、平和の目的に限り、安全の確保を旨として、民主的な運営の下に、自主的にこれを行うものとし、その成果を公開し、進んで国際協力に資するものとする。」とし、原子力に取り組む国の基本方針が示されています。「平和の目的」と「安全の確保」を大前提として、いわゆる「民主、自主、公開」の3原則、そして「国際協力」が基本方針として示されています。

　また、原子力基本法は同法第12条（核燃料物質に関する規制）、同法第14条（原子炉の建設等の規制）や同法第20条（放射線による障害の防止措置）において、これらに関しては別に法律で定めるところにより規制を行うことを定めており、これに基づき「核原料物質、核燃料物質及び原子炉の規制に関する法律」や「放射性同位元素等による放射線障害の防止に関する法律」が制定されています。

(2) 原子力基本法に基づく定義

　原子力基本法の第3条は定義を示しており、これが原子力基本法の重要な要素となっています。具体的には、この法律に基づく政令、すなわち「核燃料物質、核原料物質、原子炉及び放射線の定義に関する政令」において、より詳細な定義が示されています。この政令は通常、「定義政令」と呼ばれています。原子力基本法と定義政令に基づく定義を整理すると次の通りであり、この定義の範囲が原子力の規制の対象になっています。

　① 「原子力」とは、原子核変換の過程において原子核から放出され

るすべての種類のエネルギーをいう。
② 「核燃料物質」とは、ウラン、トリウム等原子核分裂の過程において高エネルギーを放出する物質であって、政令で定める次のものをいう。
　(1) ウラン235のウラン238に対する比率が天然の混合率であるウラン及びその化合物
　(2) ウラン235のウラン238に対する比率が天然の混合率に達しないウラン及びその化合物
　(3) トリウム及びその化合物
　(4) 上記の(1)から(3)までの物質の一又は二以上を含む物質で原子炉において燃料として使用できるもの
　(5) ウラン235のウラン238に対する比率が天然の混合率をこえるウラン及びその化合物
　(6) プルトニウム及びその化合物
　(7) ウラン233及びその化合物
　(8) 上記の(5)から(7)までの物質の一又は二以上を含む物質
③ 「核原料物質」とは、ウラン鉱、トリウム鉱その他核燃料物質の原料となる物質であって、政令で定めるもの、すなわちウラン若しくはトリウム又はその化合物を含む物質で核燃料物質以外のものをいう。
④ 「原子炉」とは、核燃料物質を燃料として使用する装置をいい、政令で定めるもの、すなわち原子核分裂の連鎖反応を制御することができ、その反応の平衡状態を中性子源を用いることなく持続することができ、又は持続するおそれのある装置以外のものを除いたものをいう［注：言い換えれば、「原子炉」とは原子核分裂の連鎖反応を制御することができ、その反応の平衡状態を中性子源を用いることなく持続することができ、又は持続するおそれのある装置をいいます。］。
⑤ 「放射線」とは、電磁波又は粒子線のうち、直接又は間接に空気を電離する能力をもつもので、政令で定める次のものをいう。
　(1) アルファ線、重陽子線、陽子線その他の重荷電粒子線及びベータ線

⑵　中性子線
　⑶　ガンマ線及び特性エックス線（軌道電子捕獲に伴って発生する特性エックス線に限る。）
　⑷　1メガ電子ボルト以上のエネルギーを有する電子線及びエックス線

　なお、⑤の「放射線」の定義については、「放射性同位元素等による放射線障害の防止に関する法律」、すなわち放射性同位元素等に係る規制では、労働安全衛生法との関係があり、この定義と同じになっていますが、「核原料物質、核燃料物質及び原子炉の規制に関する法律」の関係（具体的には、例えば「実用発電用原子炉の設置、運転等に関する規則」、「試験研究の用に供する原子炉等の設置、運転等に関する規則」など）では「放射線」の定義は、原子力基本法第3条第5号に規定する放射線又は1メガ電子ボルト未満のエネルギーを有する電子線若しくはエックス線であって、自然に存在するもの以外のものとなっており、電子線又はエックス線にエネルギーの下限は設けられていません。

3　原子力規制関係の法律の種類

　原子力規制関係の法律には、大きく原子力の規制を専門の目的としている法律、原子力の規制がその一部として含まれている法律、原子力災害対策などの措置を求めている法律と国際約束の履行を担保するための法律の4つの種類があります。

⑴　原子力の規制を専門の目的にしている法律

　原子力の規制を専門の目的としている法律としては、「核原料物質、核燃料物質及び原子炉の規制に関する法律」と「放射性同位元素等による放射線障害の防止に関する法律」の2つがあります。前者を略して「原子炉等規制法」、後者を略して「放射線障害防止法」といい、本書では以下、原則としてこのように略して用いることにします。原子炉等規制法は、エネルギーとしての原子力の利用や核燃料物質等の使用に係る安

全規制の基本的な法律です。放射線障害防止法は、放射性同位元素の利用に係る安全規制の基本的な法律です。

(2) 原子力の規制がその一部として含まれている法律

原子力の規制がその一部として含まれている法律の代表的なものは、「電気事業法」です。電気事業法の目的は、「電気事業の運営を適正かつ合理的ならしめることによつて、電気の使用者の利益を保護し、及び電気事業の健全な発達を図るとともに、電気工作物の工事、維持及び運用を規制することによつて、公共の安全を確保し、及び環境の保全を図ることを目的とする。」(同法第1条)とあるように、必要な規制を含めて電気事業の運営に係る広範な事項を網羅しています。その中で、原子力発電設備も電気工作物の一つに該当するものとして、この法律による安全規制の対象になります。このため、原子力発電所は原子炉等規制法に基づく安全規制とともに、電気事業法に基づく安全規制も受けることになります。また、「労働安全衛生法」は労働者の安全と健康を確保するためのものであり、その観点から放射線業務従事者に対して、その被ばく管理等を求めています。また、核燃料物質等の輸送については「道路運送車両法」、「船舶安全法」や「航空法」が安全規制の役割も担います。

(3) 原子力災害対策などの措置を求めている法律

原子力災害対策などの措置を求めている法律としては、原子力災害に対する備えや原子力災害が発生した場合の適確な対応などを定めた「原子力災害対策特別措置法」があります。また、原子力災害による損害に対する賠償措置を定めた「原子力損害の賠償に関する法律」と「原子力損害賠償補償契約に関する法律」があります。

(4) 国際約束の履行を担保するための法律

我が国が条約などの国際約束に加盟した場合は、その履行を国内法令で担保することが必要になります。原子力の規制に係る国際約束の多くは、原子炉等規制法で担保されています。例えば、「核兵器の不拡散に関する条約」に基づく保障措置等の国際約束については、原子炉等規制法で担保されていますし、また「包括的核実験禁止条約」に基づく国際

約束も同法で担保されています。一方、原子炉等規制法で担保し難いものもあり、「核によるテロリズムの行為の防止に関する国際条約」の国際約束は、「放射線を発散させて人の生命等に危険を生じさせる行為等の処罰に関する法律」という単独法で担保されています。

4 原子力安全委員会の役割

　原子力安全委員会と原子力委員会は、「原子力委員会及び原子力安全委員会設置法」に基づいて設置されています。原子力の安全規制に関係するのは主として原子力安全委員会です。原子力安全委員会の規制における役割は大きく次の4つがあります。
① 設置許可段階において、行政庁の行った審査（一次審査）の結果に対して、二次審査（ダブルチェック）を行うこと。
② 上記①の二次審査における基準として、基本的な安全審査指針を策定すること。
③ 行政庁の行う規制活動をチェックすること。
④ 原子力緊急事態に対応すること。
　上記②の原子力安全委員会の安全審査指針は、原子力安全委員会が行う二次審査のための指針として示されているものであり、事業者の申請においても、また行政庁の一次審査においても基本的な指針として用いられています。
　原子力安全委員会は、このようにして行政庁の規制活動が適確に行われるように監視しており、原子力の安全規制に万全を期す体制になっています。

5 安全規制の法令の内容

　安全規制の法令の内容は、大きく次のような要素から成り立っていま

す。
① 放射線防護の基準の設定
② 規制機関による審査
③ 規制機関による検査
④ 事業者が整備すべき規定類
⑤ 事業者が遵守すべき義務
⑥ 緊急時対応
⑦ 外部専門機関の活用等の規制体制
⑧ 行政処分

① 放射線防護の基準については、第Ⅲ章で詳しくみますが、放射線防護の基準が遵守されるようにすることにより、一般国民と放射線業務従事者を放射線障害から守ることが安全規制の目的になります。この放射線防護の基準は安全規制の基盤になります。

② 規制機関による審査は、規制機関が設置の許可や工事計画の認可をする際に、その設計の安全性等を確認するものです。

③ 規制機関による検査は、審査とともに規制の根幹をなすもので、建設段階の検査や運転段階の検査など、事業者の設置する施設設備や事業者の行う運転などが規則、技術基準、規定などに適合しており、安全確保上、問題がないことを確認するものです。

④ 事業者が整備すべき規定類は、原子力施設の安全な操業等を行うために従事者が遵守すべきことを規定類として策定することを求めるものです。

⑤ 事業者が遵守すべき義務は、放射線防護など事業者が安全な運転等を行うために守るべき義務を求めるものです。

⑥ 緊急時対応は、緊急時における通報連絡や原子力災害の防止と被害拡大のための措置などを求めるものです。

⑦ 外部専門機関の活用等の規制体制は、規制機関が検査等の実施のために、外部機関を活用するための手続きやその実施させる検査の内容等を規定するものです。

⑧ 行政処分は、規制を担当する所管省が不適合や違反などに対して、運転停止等の行政上の措置をとるものです。

II
原子力規制関係法令の動向

原子力規制関係の法令は、経験の蓄積、大規模な事故の発生とそれへの対応、国際社会の要求等によって時間の経過とともに発展してきています。ここでは、特にこの10年間程度の原子力規制関係法令の動向をみてみます。

1　運転段階の安全規制の充実

　我が国において本格的な原子力開発が始まってから半世紀になろうとしていますが、この中でも実用発電用原子炉は、我が国だけでなく世界の各国でも運転する原子炉の基数が多く、運転経験も40年以上になってきていますので、多くの運転経験が蓄積されてきています。原子力開発が開始された当初の安全規制は、安全設計に対する審査を適確に行って、安全確保のできる原子力施設を建設することに主眼がおかれていました。その後、実用発電用原子炉を中心に多くの運転経験が蓄積され、その経験を踏まえて、特にこの10年間において運転段階における安全規制の充実が図られてきました。そして、実用発電用原子炉の運転段階の安全規制の充実が、運転経験の蓄積がまだ十分ではない核燃料関係施設等の他の原子力施設に対する安全規制にも適確に反映されてきています。
　実用発電用原子炉の運転段階における安全規制の充実の状況については、第Ⅳ章の実用発電用原子炉の安全規制の箇所で詳細を述べますが、ここではその要点をみることにします。

(1)　事業者の検査等の取組みの監視

　国の安全規制は、事業者が行う検査等の安全確保の取組みを規制機関が監視することに重点が置かれるようになってきています。原子力施設の安全確保の第一義的責任は事業者にあるわけですから、このような安全規制の取組みは当然のことなのですが、この事業者と国の関係を安全規制の法制度においても明確にしていく取組みがなされています。これは、例えば使用前安全管理検査、溶接安全管理検査、定期安全管理検査のような安全管理検査で具体化されています。

(2) 保全プログラムを基礎とした検査

規制機関は、事業者に保全プログラムを基礎とした安全確保を求め、それに基づく安全規制を実施するようになってきています。上記(1)の考え方を基礎としていますが、事業者は運転段階における安全確保のための保全プログラムを適確に作り、それを実施することにより安全の確保を図り、規制機関はその計画の妥当性をみるとともに、保全プログラムの実施状況をみるというものです。従来は、保安規定という安全な運転のための規定が中心でしたが、これに加えて原子力施設の保全を適確に図ることにより、原子力施設の長期的な健全性を確保していこうというものです。

(3) 高経年化への対応

実用発電用原子炉施設の運転期間が長くなっていることに伴い、高経年化への対応のための安全規制の充実が図られてきています。運転期間の10年毎の定期安全レビューという制度が設けられるとともに、運転期間が30年を超える前に高経年化評価を行う制度が設けられました。さらに経年劣化により、設備・機器にき裂が生じてくることがありますが、技術基準の維持という観点から、このようなき裂を適切に評価して対応していくという健全性評価制度も設けられました。

(4) パフォーマンスの評価

実用発電用原子力発電所における事業者の安全確保の取組みのパフォーマンスを評価して、その結果に基づいて効果的で効率的な安全規制を実施する取組みがなされてきています。安全規制の労力にも限りがあるため、これをできるだけ有効に活用することが必要になり、原子力施設の保全等のパフォーマンスを評価した上で、必要なところには、ある程度、重点的に検査等の労力を投入するというものです。どの原子力施設も一律に等しく規制をするというのではなく、それぞれのプラントの状況に応じて規制をしていくことになります。定期検査の実施時期に関して複数の期間の可能性が導入されたのはその一例です。今後、さらにパフォーマンスの評価を基礎とした規制は発展していくとみられます。

(5) 確率論的安全評価

　上記の(1)から(4)に示した取組みは、科学的・合理的な安全規制を行っていくという国の基本方針に基づいています。確率論的安全評価（PSA：Probabilistic Safety Assessment）の安全規制への導入もその基本方針に基づいています。確率論的安全評価の手法は、例えばシビアアクシデント対策としてのアクシデントマネジメントの評価に用いられています。

2　基準規格類の性能規定化と体系化

　実用発電用原子炉設備に関する技術基準についてみると、従来は「発電用原子力設備に関する技術基準を定める省令（昭和40年通商産業省令第62号）」と「発電用原子力設備に関する構造等の技術基準（昭和55年通商産業省告示第501号）」が代表的なものでした。前者のいわゆる技術基準省令第62号が安全上求められる性能などを規定しているのに対して、後者のいわゆる告示第501号は設備の構造等に関する具体的な仕様を定めていました。具体的な発電用原子力設備の設計、製作や製造では、告示第501号の仕様に従うことになっていましたが、このような告示では、速度の速い技術進歩に適確に対応していくことには次第に困難が生じてくる状況になり、また具体的な仕様についても一つではなく、複数の幅のある仕様が考えられます。そのために、国は機能や性能については省令の段階で要求し、この機能や性能の水準を満たす具体的な技術的方法や技術的手段については学協会等の基準規格類を活用することにして、このような階層の組立ての下に基準規格類の全体を体系化することにしました。このため省令では機能や性能の要求をより明確にし、従来の告示第501号等は廃止して、省令の下で規制に活用できる学協会等の基準規格類を認める手続きを明確にしました。

3　規制活動の支援体制

　原子力活動が拡大されてきますと、規制という専門的業務を国の機関だけで行うことには限界が生じ、国の規制を支える外部の専門的な機関を活用する体制をとることが必要になってきます。経済産業省の場合は、原子力安全・保安院が原子力安全規制の責任を担っており、また独立行政法人の原子力安全基盤機構（JNES）が原子力安全・保安院の安全規制活動を幅広く支える役割を担っています。原子力安全基盤機構は、原子力安全規制のために必要な安全研究や解析だけでなく、検査等の実際の規制活動の一部も担っています。他にも条件を満たす外部機関が規制活動に活用されています。また、世界的な規制支援機関の連携・協力の活動もなされるようになっています。

4　使用済燃料の管理、放射性廃棄物の廃棄、原子力施設の解体等の安全規制の整備

　原子力発電の活動が進んでいきますと、それに伴って生じる使用済燃料の貯蔵、放射性廃棄物の廃棄、原子力施設の解体等の原子力発電より下流の原子力活動に対する規制の整備・充実が求められるようになり、そのために原子炉等規制法の整備がなされてきました。

　使用済燃料の貯蔵については、原子力発電所内における使用済燃料の貯蔵だけでは貯蔵容量が十分ではなくなりますので、原子力発電所の外で使用済燃料をまとめて貯蔵することが必要になり、その安全規制の枠組みが作られました。

　放射性廃棄物の廃棄の事業は、放射性廃棄物の管理の事業と放射性廃棄物の埋設の事業とに分かれます。放射性廃棄物の管理の事業については、我が国がイギリスやフランスに委託した使用済燃料の再処理から発生する高レベル放射性廃棄物ガラス固化体などが返還されてきた後に、それを最終処分までの間、貯蔵する事業などが対象となり、その安全規制の枠組みが作られました。また、放射性廃棄物の埋設の事業について

は、原子力発電所等から発生する低レベル放射性廃棄物の浅地中処分などを対象とする第二種廃棄物埋設事業と高レベル放射性廃棄物の地層処分を対象とする第一種廃棄物埋設事業の法制度が構築されました。

原子力施設の解体についても安全規制の充実が図られてきています。原子力施設の解体に当たっては、まず事業者に廃止措置計画を定めることを求め、これを国の認可の対象としています。さらに解体の際に問題となるのは、発生する膨大な量の廃棄物の中で放射性廃棄物として引き続き原子力の安全規制の下に置くものと、放射性廃棄物ではないものとして原子力の安全規制の対象から外すものとを区別することです。原子炉等規制法の中に、この区別を可能とする手続きを定めたクリアランス制度が導入されました。

5　耐震基準の充実

原子力施設の耐震設計は、基本的に原子力安全委員会の「発電用原子炉施設に関する耐震設計審査指針」に基づいてなされます。この指針は、2006年（平成18年）9月に全面的に改定されて新しいものになりました。従来のものは、耐震安全性の評価のための基準となる地震動の策定の他に念のためにマグニチュード（M）6.5の直下地震も想定して、耐震安全性を評価していました。しかし、このM6.5の想定が不十分ではないかなどの課題が提起され、耐震設計審査指針の見直しがなされました。この結果、M6.5の直下地震を想定することに替えて、震源を特定せずに想定する地震動を策定することなどを内容とする新しい耐震設計審査指針が策定されました。

6　保障措置、核セキュリティ関係の規制の充実

原子力の規制に関しては、安全（Safety）、核不拡散のための保障措

置（Safeguards）と核物質防護等の核セキュリティ（Security）を「３Ｓ」として一体的に捉える取組みが進みつつあります。

　保障措置に関して、「核兵器の不拡散に関する条約」（NPT）加盟の非核兵器国の義務である国際原子力機関（IAEA）（以下「IAEA」といいます。）の保障措置の受入れは、当該国とIAEAとの間で締結される保障措置協定に基づき、当該国がIAEAに申告した原子力活動を対象にして行われます。しかし、1991年（平成３年）の湾岸戦争後にイラクにおいて未申告の原子力活動が発覚したことから、IAEAにおいて保障措置の強化が検討されました。その結果、当該国が申告していないところまでIAEAがアクセスできることなどを内容とした新しく強化された保障措置の枠組みが「追加議定書」として策定され、我が国は従来の保障措置協定に加えて、追加議定書についてもIAEAとの間で締結しました。

　核セキュリティについては、従来は輸送中の核物質に対する防護が中心でしたが、この10年間の国際的な取組みにおいては核物質の防護とともに原子力施設の防護の強化を図ることに努力が傾注されてきました。具体的には、IAEAの核物質防護のガイドラインが「核物質防護と原子力施設の防護」（「INFCIRC／225／Rev. 4」）として新しく策定され、また「核物質の防護に関する条約」も改正されて、「核物質及び原子力施設の防護に関する条約」が策定されました。また、放射性同位元素の放射線源に対するセキュリティも求められるようになってきました。

　このような国際的な保障措置や核物質防護の充実・強化を受けて、我が国の原子炉等規制法もそれに対応できるように改正されました。

7　原子力災害対策の取組み

　1999年（平成11年）９月30日にジェー・シー・オー（JCO）核燃料加工施設で臨界事故が発生し、作業に従事していた２人の従業員の方が放射線被ばくのために亡くなられました。また、この事故では事故の発生から19時間40分にわたって事故の原因となった槽において臨界反応が続

19

き、周辺に放射線の影響を与えました。このため、国、地元自治体等の協力により、周辺住民の避難等が行われました。この事故を契機にして原子力災害に備えるとともに、原子力災害が起こった場合の対策について規定した「原子力災害対策特別措置法」が制定されました。また、合わせて原子炉等規制法を改正して、運転段階における安全運転に関する規定である保安規定が確実に遵守されていることを確認するための保安検査等の制度も新たに導入されました。

　ジェー・シー・オー核燃料加工施設の臨界事故によってもたらされた損害に対しては「原子力損害の賠償に関する法律」が適用されましたが、この事故の経験も踏まえ、原子力損害賠償の賠償措置額は最大で1200億円に拡充されました。

8　放射性同位元素の安全規制における国際基準の取入れ

　原子力の安全規制、特に放射性同位元素の安全規制においては、安全規制の対象とする放射性同位元素の量の基準が重要です。その基準の設定は「免除」という考え方に基づいてなされます。免除というのは、ある放射線源について、それによる健康への影響が無視できるほど小さく、放射性物質として扱う必要がないことから当該放射線源については放射線防護に係る規制の対象とはしないことをいい、原子力の安全規制にとっては基本となる重要な考え方です。

　IAEAは国際放射線防護委員会（ICRP）の1990年勧告を受けて、個別の核種について、その免除のレベルを検討してきました。その結果をとりまとめたものがIAEAの「国際基本安全基準（BSS：Basic Safety Standards）」です。我が国は、これを「放射性同位元素等による放射線障害の防止に関する法律」に取り入れるための検討を行った上で、この国際基準を基礎として、規制の対象とする放射線源のレベルを改正しました。国際的に検討されて策定された基準等を我が国の原子力安全規制に導入することは重要なことであり、そのための様々な取組みが着実になされてきています。

III
放射線障害防止の基準

1　放射線審議会

　原子力の安全規制関係の法令の目的とするところは、公衆と原子力の利用活動に従事する人とを原子力の利用において生じるおそれのある放射線の影響から守ることにあり、そのためには放射線障害を引き起こさないための適切な放射線の防護の基準を定めておくことが必要になります。放射線の防護の基準は、原子力活動の安全規制や放射性同位元素の安全規制などで、それぞればらばらに定められるべきものではなく、放射線の防護の観点から統一的に定められることが必要です。

　具体的には、我が国の放射線防護については「放射線障害防止の技術的基準に関する法律」に基づき設置される放射線審議会によって、法令間の基準の統一性が図られることになっています。

　この法律の目的は、第1条で「放射線障害の防止に関する技術的基準策定上の基本方針を明確にし、かつ、文部科学省に放射線審議会を設置することによって、放射線障害の防止に関する技術的基準の斉一を図ることを目的とする。」とされており、①放射線障害の防止に関する技術的基準策定上の基本方針を明確にすること、②文部科学省に放射線審議会を設置して、その審議によって放射線障害の防止に関する技術的基準の斉一を図ることの2つになっています。

　放射線障害の防止に関する技術的基準策定上の基本方針については、同法第3条において「放射線障害の防止に関する技術的基準を策定するに当つては、放射線を発生する物を取り扱う従業者及び一般国民の受ける放射線の線量をこれらの者に障害を及ぼすおそれのない線量以下とすることをもつて、その基本方針としなければならない。」とされており、放射線業務に携わる従業者と一般国民すなわち公衆のそれぞれに対して、放射線障害を及ぼすおそれのない線量の基準を策定するとの基本方針が示されています。

　放射線審議会については、同法第4条により、「文部科学省に、放射線審議会（以下「審議会」という。）を置く。」ことが定められ、また同法第6条により、「関係行政機関の長は、放射線障害の防止に関する技術的基準を定めようとするときは、審議会に諮問しなければならない。」

とされ、関係省は放射線審議会への諮問を経た上で、放射線障害の防止のための技術的基準を定めることになっています。

放射線防護の基準については、国際的な調査検討の組織である国際放射線防護委員会(ICRP：International Commission on Radiological Protection)が勧告を出しますが、ICRPの勧告を我が国の放射線防護の基準に取り入れることについては、まず放射線審議会が取入れの基本方針を示し、関係省がその基本方針に基づいた関係法令等の技術的基準を策定し、関係省が改めてそれを放射線審議会に諮問して確認を得るというやり方がとられています。これにより、我が国における放射線障害の防止のための技術的基準の中にICRPの勧告が統一的に取り入れられています。

放射線審議会は現在、ICRP2007年勧告（Pub. 103）の国内制度等への取入れに向けた検討を進めています。

2 基準の内容

上述のように放射線障害の防止のための基準は、各種の原子力活動や放射性同位元素の利用に対する規制において斉一が図られていますが、単独の共通的な規定としてまとめられているわけではなく、それぞれの規制の中で規定されています。すなわち原子炉等規制法と「放射性同位元素等による放射線障害の防止に関する法律」のそれぞれにおいて放射線障害の防止のための基準が規定されており、それらは同一の内容になっています。ここでは実用発電用原子炉の場合を例にとり、具体的な基準の内容をみることにします。なお、実効線量と等価線量の意味については、下記6にまとめて示します。

(1) 管理区域等の設定

放射線障害の防止に対する基本的な考え方の一つは、区域を設定し、放射線障害のおそれのあるところには、人がむやみに立ち入らないようにすることです。具体的には管理区域、周辺監視区域等が設定されます。実用発電用原子炉の場合は、原子炉等規制法に基づく「実用発電用原子

炉の設置、運転等に関する規則」(以下「実用発電炉規則」といいます。)の第1条第2項の第4号から第7号までにおいて管理区域、保全区域、周辺監視区域及び放射線業務従事者がそれぞれ次のように定義されています。

① 「管理区域」とは、炉室、使用済燃料の貯蔵施設、放射性廃棄物の廃棄施設等の場所であって、その場所における外部放射線に係る線量が経済産業大臣の定める線量を超え、空気中の放射性物質の濃度が経済産業大臣の定める濃度を超え、又は放射性物質によって汚染された物の表面の放射性物質の密度が経済産業大臣の定める密度を超えるおそれのあるものをいう。

② 「保全区域」とは、原子炉施設の保全のために特に管理を必要とする場所であって、管理区域以外のものをいう。

③ 「周辺監視区域」とは、管理区域の周辺の区域であって、当該区域の外側のいかなる場所においても、その場所における線量が経済産業大臣の定める線量限度を超えるおそれがないものをいう。

④ 「放射線業務従事者」とは、原子炉の運転又は利用、原子炉施設の保全、核燃料物質又は核燃料物質によって汚染された物の運搬、貯蔵、廃棄又は汚染の除去等の業務に従事する者であって、管理区域に立ち入るものをいう。

このように、管理区域は当該区域に係る線量等が一定の水準を超えるおそれがあり、放射線業務従事者が立ち入る区域とされています。管理区域に係る具体的な基準は、「実用発電用原子炉の設置、運転等に関する規則の規定に基づく線量限度等を定める告示」(以下「実用発電炉等線量限度告示」といいます。)の第2条により、その場所における外部放射線に係る線量が3月間につき1.3ミリシーベルトと定められており、この線量を超えるおそれのあるところは管理区域とすることになります(空気中の放射性物質の濃度と放射性物質によって汚染された物の表面の放射性物質の濃度についても同様に基準が示されています。)。

これに対して周辺監視区域は、当該区域の外側のいかなる場所においても、すなわち周辺監視区域の境界においても、そこでの線量が線量限度を超えないことが求められます。当該区域の外側のいかなる場所にも公衆が立ち入る可能性があるため、周辺監視区域の境界における線量限

度は、すなわち公衆の線量限度を意味することになります。その具体的な基準は、下記(2)公衆の基準でみることにします。

(2) 公衆の基準

上述のように周辺監視区域の境界における線量限度は、公衆の線量限度の基準を意味することになりますが、その具体的な基準は実用発電炉等線量限度告示の第3条第1項において、次のように定められています。
① 実効線量：1年間（4月1日を始期とする1年間をいう。以下同じ。）につき1ミリシーベルト
② 皮膚の等価線量：1年間につき50ミリシーベルト
③ 眼の水晶体の等価線量：1年間につき15ミリシーベルト

このように公衆の線量限度は、実効線量が1年間につき1ミリシーベルトとされています。この公衆の線量限度は、次に示す放射線業務従事者の線量限度より小さな値、すなわち、より厳しい基準になっています。

(3) 放射線業務従事者の基準

原子炉等規制法第35条第1項の保安のために講ずべき措置の一つとして、実用発電炉規則の第9条により、原子炉設置者は放射線業務従事者の線量等に関し、次の措置を講じなければならないとされています。
① 放射線業務従事者の線量が経済産業大臣の定める線量限度を超えないようにすること。
② 放射線業務従事者の呼吸する空気中の放射性物質の濃度が経済産業大臣の定める濃度限度を超えないようにすること。

これを受け、実用発電炉等線量限度告示の第6条において放射線業務従事者の線量限度は、次のように定められています。
(1) 実効線量
① 5年間につき100ミリシーベルト（5年間は平成13年4月1日以後5年ごとに区分した各期間）
② 1年間につき50ミリシーベルト
③ 女子（妊娠不能と診断された者、妊娠の意思のない旨を原子炉設置者に書面で申し出た者及び次の④に規定する者を除く。）については、上記の①と②に規定するほか、4月1日、7月1日、

10月1日及び1月1日を始期とする各3月間につき5ミリシーベルト
　　④　妊娠中である女子については、上記の①と②に規定するほか、本人の申出等により原子炉設置者が妊娠の事実を知ったときから出産するまでの間につき、内部被ばくについて1ミリシーベルト
　(2)　等価線量
　　①　眼の水晶体については、1年間につき150ミリシーベルト
　　②　皮膚については、1年間につき500ミリシーベルト
　　③　妊娠中である女子の腹部表面については、上記(1)④と同じ期間につき2ミリシーベルト

以上のように放射線業務従事者の実効線量としては、基本的に1年間につき50ミリシーベルトを超えないようにすることと、5年間につき100ミリシーベルトを超えないようにすることの両方が求められます。

3　緊急作業時の線量限度

　実用発電炉規則の第9条第2項により、原子炉施設に災害が発生し、又は発生するおそれがある場合、原子炉の運転に重大な支障を及ぼすおそれがある原子炉施設の損傷が生じた場合等緊急やむを得ない場合においては、放射線業務従事者をその線量が経済産業大臣の定める線量限度を超えない範囲内において緊急作業に従事させることができるとされ、上記2の通常時の線量限度の規定にかかわらず、緊急作業に係る放射線業務従事者の線量限度が定められています。この線量限度は、実用発電炉等線量限度告示の第8条により、実効線量については100ミリシーベルト、眼の水晶体の等価線量については300ミリシーベルト及び皮膚の等価線量については1シーベルトとされています。

4 労働安全衛生法に基づく放射線業務従事者の線量限度

　労働安全衛生法は、労働者の安全の確保という観点から放射線業務従事者に対する放射線障害の防止を求めており、このため放射線業務従事者に対する放射線障害の防止については、原子炉等規制法又は放射線障害防止法に加えて労働安全衛生法も適用になります。具体的には、労働安全衛生法に基づく「電離放射線障害防止規則」において放射線業務従事者の線量限度等が定められていますが、その内容は原子炉等規制法や放射線障害防止法の内容と基本的に同じになっています。

5 線量目標値

　ICRP1990年勧告（Pub. 60）は、放射線防護のための努力目標として「as low as reasonably achievable（ALARA）」（合理的に達成できる限り低く）という考え方を示しています。この考え方に基づき、原子力安全委員会は「発電用軽水型原子炉施設周辺の線量目標値に関する指針」において、発電用軽水炉施設の通常運転時における環境への放射性物質の放出に伴う周辺公衆の受ける線量を低く保つための努力目標として、施設周辺の公衆の受ける線量についての目標値、すなわち線量目標値を実効線量で年間50マイクロシーベルトとすることを示しています。この線量目標値は、上述の法的規制値である線量限度を変更するものではなく、環境への放射性物質の放出をできるだけ少なくする努力を進めさせるための定量的な目標として示されているものです。例えば、発電用軽水型原子炉施設の設置の許可を求める申請書では、法令に基づく線量限度を満たすことに加え、この努力目標である線量目標値を基準とした評価も行われています。

6　実効線量と等価線量

　放射線の人体への影響は確率的影響（しきい値がない。）と確定的影響（しきい値がある。）がありますが、その区別を踏まえ、人に対する放射線の線量として実効線量と等価線量が定められています。人に対する放射線の確率的影響をみるためのものが実効線量で、人に対する放射線の確定的影響をみるためのものが等価線量です。

(1)　実効線量

　人の身体の各部は、放射線に対して感受性の高いところとそうでないところがあります。放射線に対する感受性の高いところは、生殖腺、骨髄、肺などです。このため、人が身体のいろいろなところに受けた放射線を全体として評価するために実効線量を用います。次の(2)に示す等価線量は各部が受ける放射線の線量ですが、実効線量はこの各部の受けた等価線量に対して感受性を考慮した補正係数（組織荷重係数といいます。）をかけて、それらを合算した値として出します。実効線量は、放射線の人体への確率的影響をみるときの基礎となるものです。単位はシーベルト（Sv）です。

(2)　等価線量

　人の各部の受ける放射線の影響は、その放射線の種類やエネルギーによって異なります。人体の各部は放射線を受けてエネルギーを吸収しますが、それを吸収線量（単位はグレイ（Gy）です。）といいます。人の各部の受ける放射線の影響は、吸収線量が同じでも放射線の種類やエネルギーによって異なりますので、これらの違いを補正して同等に評価できるようにするために、吸収線量にこの補正のための係数（放射線荷重係数といいます。）をかけて出した線量が等価線量です。等価線量は、放射線の人体への確定的影響をみるときの基礎となるものです。単位は実効線量と同じくシーベルト（Sv）です。

IV
原子力活動に対する規制

1 原子炉等規制法の概要

(1) 目的

　原子炉等規制法の目的は、その第1条に「原子力基本法（昭和三十年法律第百八十六号）の精神にのっとり、核原料物質、核燃料物質及び原子炉の利用が平和の目的に限られ、かつ、これらの利用が計画的に行われることを確保するとともに、これらによる災害を防止し、及び核燃料物質を防護して、公共の安全を図るために、製錬、加工、貯蔵、再処理及び廃棄の事業並びに原子炉の設置及び運転等に関する必要な規制を行うほか、原子力の研究、開発及び利用に関する条約その他の国際約束を実施するために、国際規制物資の使用等に関する必要な規制を行うことを目的とする。」とあります。この条文から原子炉等規制法の目的は、次の3つであることが示されています。法律制定当初は①と③でしたが、核物質防護の重要性を受けて②が追加されました。
　① 災害を防止して、公共の安全を図るために必要な規制を行うこと。
　② 核燃料物質を防護して、公共の安全を図るために必要な規制を行うこと。
　③ 国際約束を実施するために必要な規制を行うこと。

(2) 構成

　原子炉等規制法の構成は、「第一章　総則」、「第二章　製錬の事業に関する規制」、「第三章　加工の事業に関する規制」、「第四章　原子炉の設置、運転等に関する規制」、「第四章の二　貯蔵の事業に関する規制」、「第五章　再処理の事業に関する規制」、「第五章の二　廃棄の事業に関する規制」、「第五章の三　核燃料物質等の使用等に関する規制」、「第六章　原子力事業者等に関する規制等」、「第六章の二　国際規制物資の使用等に関する規制等」、「第六章の三　機構の行う溶接検査等」、「第七章　雑則」、「第八章　罰則」及び「第九章　外国船舶に係る担保金等の提供による釈放等」の14章から構成されています。第九章を除いた残りの13章のうち、原子力の各事業等の規制を縦割りにみているものが第二章から

第五章の三までで、製錬、加工、原子炉、貯蔵、再処理、廃棄及び核燃料物質等の使用等の7つの事業について個別の規制が規定されています。残りのうち、第六章の二には保障措置を中心とした国際約束の履行のための規制が示されており、第一章、第六章、第六章の三及び第七章には共通の規制に係ることが規定されています。また、第八章には罰則が規定されています。このような構成になっていることから、例えば原子炉の規制に関しては第四章が中心ですが、加えて第一章、第六章、第六章の二、第六章の三、第七章及び第八章をみることが必要になります。

この法律により規制の対象となる者は、上述のように次の7種類の事業者となり、それぞれの所管大臣を［　］で示します。

①　製錬事業者［経済産業大臣］
②　加工事業者［経済産業大臣］
③　原子炉設置者（実用発電用原子炉設置者と研究開発段階発電用原子炉設置者については［経済産業大臣］、試験研究用原子炉設置者については［文部科学大臣］）
④　使用済燃料貯蔵事業者［経済産業大臣］
⑤　再処理事業者［経済産業大臣］
⑥　廃棄事業者（廃棄物管理事業者、廃棄物埋設事業者）［経済産業大臣］
⑦　核燃料物質使用者、核原料物質使用者［文部科学大臣］

これらのうち、①から⑥までがいわゆる原子力の事業に係るものです。これらの原子力の事業に対する規制は、㈲計画・設計段階、㈹建設段階、㈱運転段階及び㈡廃止段階の大きく4つの段階に分けて行う内容になっています。㈲計画・設計段階では、事業者が当該事業の施設の基本設計や詳細設計を作り、それを国が審査し（「安全審査」といいます。）、許可又は認可を行います。㈹建設段階では、事業者が基本設計や詳細設計に基づいて施設の建設を進め、国はそれが認められた設計や技術基準に適合しているかどうかについて検査します。また、事業者は運転開始に備え、諸規定の策定等を進め、国はその妥当性について適宜、審査を行います。㈱運転段階では、事業者は施設の安全な運転のために策定した規定等に従って運転を行い、国は運転状況について検査を行います。㈡廃止段階では、事業者は安全な廃止措置のための計画を立て、廃止措置

を進めていきます。国は、廃止措置の計画の妥当性や実施状況等について審査や検査を行います。
　⑦は、これらの原子力の事業以外の目的で核燃料物質等を使用することに対する規制です。

(3) 行政処分

　原子炉等規制法の規定に違反した場合の罰則は、「第八章　罰則」に規定されています。これとは別に、安全性等に係る違反等について、主務大臣が許可の取消し等の行政処分ができることになっています。例えば、原子炉の場合であれば、第33条にその規定があり、同条第2項では、「主務大臣は、原子炉設置者が次の各号のいずれかに該当するときは、第二十三条第一項の許可を取り消し、又は一年以内の期間を定めて原子炉の運転の停止を命ずることができる。」とされています。この行政処分に該当するものの例として、保安規定の遵守義務を定めている同法第37条第4項があります。すなわち、事業者が保安規定を遵守しなかった場合には、主務大臣は事業者に対して許可の取消しか、又は1年以内の期間の原子炉の運転の停止を命令することができることになります。この行政処分は他の事業についても同じで、それぞれの規制の部分に同様の規定があります。

2　原子炉の安全規制

　原子炉等規制法の第23条第1項により、「原子炉を設置しようとする者は、次の各号に掲げる原子炉の区分に応じ、政令で定めるところにより、当該各号に定める大臣の許可を受けなければならない。」とされ、各号の内容として原子炉設置の許可の権限を有する大臣、すなわち規制を所管する大臣が①実用発電用原子炉については経済産業大臣、②実用舶用原子炉については国土交通大臣、③試験研究用原子炉については文部科学大臣、④研究開発段階発電用原子炉については経済産業大臣、⑤研究開発段階原子炉（発電用でないもの）については文部科学大臣であ

ることが示されています。このように5種類の原子炉について、原子炉等規制法に基づく規制の所管大臣が示されていますが、このうち②の実用舶用原子炉と⑤の研究開発段階原子炉（発電用でないもの）については、いずれも現在、具体的な計画がありませんので、本書では説明を省略することにし、実用発電用原子炉、試験研究用原子炉と研究開発段階発電用原子炉の3つに対する規制の内容についてみることにします。

　実用発電用原子炉は電力会社が発電のために運転するものであって、その規制においては、原子炉等規制法と電気事業法が適用され、所管の大臣は経済産業大臣です。

　研究開発段階発電用原子炉は、まだ実用段階には至らず、研究開発段階にある発電用原子炉であり、日本原子力研究開発機構の高速増殖原型炉「もんじゅ」が該当し、その規制においては原子炉等規制法と電気事業法が適用され、所管の大臣は経済産業大臣です。

　試験研究用原子炉は、大学や研究機関が試験や研究のために用いるものであって、その規制においては原子炉等規制法が適用され、所管の大臣は文部科学大臣です。

(1) 実用発電用原子炉の安全規制

(i) 法の適用

　実用発電用原子炉設備の安全規制は経済産業大臣が所管し、法律としては原子炉等規制法及び電気事業法が適用されます。これは、原子力施設であることにより原子炉等規制法の適用を受け、発電用設備であることにより電気事業法の適用を受けることになるためです。これらの2つの法律の適用のあり方については、原子炉等規制法の一部が適用除外とされ、その部分が電気事業法の相当するところに委ねられるという形になっています。具体的には、原子炉等規制法第73条により原子炉等規制法の第27条から第29条まで（設計及び工事の方法の認可、使用前検査、溶接の方法及び検査と施設定期検査の4つの規制項目）が適用除外になっており、相当する電気事業法の規制が適用されます。

　実用発電用原子炉に対する安全規制を計画・設計段階、建設段階、運転段階及び廃止段階の4つに分けてみていきます。なお、使用前検査、溶接安全管理審査等は、運転段階に入った後に施設や設備の変更等を

33

行った場合でも適用されますが、本書では新設を想定して整理上、建設段階の規制に入れてあります。

実用発電用原子炉の規制は、原子炉等規制法の下で「核原料物質、核燃料物質及び原子炉の規制に関する法律施行令」（以下「原子炉等規制法施行令」といいます。）や「実用発電用原子炉の設置、運転等に関する規則」（以下「実用発電炉規則」といいます。）などによって、また電気事業法の下で「電気事業法施行規則」などによって、詳細な規制の内容が規定されています。

(ii) 計画・設計段階

上述のように原子炉等規制法第23条第1項により、実用発電用原子炉を設置しようとする者は、経済産業大臣の許可を受けなければならないとされています。そして同条第2項により、実用発電用原子炉の設置の許可を受けようとする者は、原子炉の型式、熱出力及び基数、原子炉及びその附属施設の位置、構造及び設備などを記載した申請書を経済産業大臣に提出しなければならないとされ、その申請書に基づき経済産業大臣の審査が行われることになります。

原子炉等規制法第24条第1項は許可の基準を示しており、(イ)原子炉が平和の目的以外に利用されるおそれがないこと、(ロ)その許可をすることによって原子力の開発及び利用の計画的な遂行に支障を及ぼすおそれがないこと、(ハ)原子炉を設置するために必要な技術的能力及び経理的基礎があり、かつ、原子炉の運転を適確に遂行するに足りる技術的能力があること、(ニ)原子炉施設の位置、構造及び設備が核燃料物質、核燃料物質によって汚染された物（原子核分裂生成物を含む。）又は原子炉による災害の防止上支障がないものであることの4点になっています。同条第2項では経済産業大臣は、許可をする場合においては、あらかじめ(イ)の平和利用、(ロ)の計画的遂行と(ハ)の中の経理的基礎については原子力委員会の意見を聴き、(ハ)の中の技術的能力と(ニ)の安全性については原子力安全委員会の意見を聴くことが求められています。(ニ)の安全性については、事業者は設置許可申請書の中に実用発電用原子炉の設備・機器の安全性に関する基本設計を含めて提出し、国はこの基本設計に対して安全審査を行うことになります。

また、実用発電用原子炉施設は電気事業法に基づく電気工作物ですか

ら、その設置については電気事業法第9条に基づく電気工作物の変更届出を出すことが必要になります。

　原子炉の設置の許可を受けた者、すなわち原子炉設置者は、次に基本設計に基づく詳細設計を進めていくことになりますが、この詳細設計については国の認可が必要になります。このとき、原子炉等規制法第27条の設計及び工事の方法の認可は適用除外となり、電気事業法が適用になります。電気事業法第47条第1項により、「事業用電気工作物の設置又は変更の工事であつて、公共の安全の確保上特に重要なものとして経済産業省令で定めるものをしようとする者は、その工事の計画について経済産業大臣の認可を受けなければならない。」とされ、実用発電用原子炉については、経済産業大臣の工事計画の認可を得ることが必要になります。工事計画の認可の対象となるものは、原則として安全機能の重要度分類におけるクラス1からクラス3の機器（クラス1の機器は原子炉圧力容器、非常用炉心冷却設備、原子炉格納容器等、クラス2の機器は使用済燃料運搬用容器、燃料取扱設備、使用済燃料貯蔵設備等、クラス3の機器は固定式周辺モニタリング設備、新燃料貯蔵庫等）等です。同条第3項は認可の基準を示していますが、その認可の基準の一つとして当該電気工作物が電気事業法第39条第1項の経済産業省令で定める技術基準（この省令は「発電用原子力設備に関する技術基準を定める省令」を指します。「昭和40年通商産業省令第62号」として定められましたので、通常「省令第62号」と呼ばれています。以下「技術基準省令第62号」といいます。）に適合することが求められています。国は工事計画の認可の申請を受け、審査を行った上で認可することになります。また、電気事業法第48条第1項により、事業用電気工作物の設置又は変更の工事（同法第47条第1項に基づく工事計画の認可の対象となるものを除く。）であって、経済産業省令で定めるものをしようとする者は、その工事の計画を経済産業大臣に届け出なければならないとされています。すなわち安全の確保上、特に重要な工事計画については経済産業大臣の認可が必要とされますが、そうでないもので経済産業省令で定めるものについては工事計画の届出が必要とされます。

　ここで、電気事業法に基づく技術基準への適合の維持について触れておきます。電気事業法に基づく安全規制の重要な点の一つは、技術基準

への適合の維持です。同法第39条第1項により、「事業用電気工作物を設置する者は、事業用電気工作物を経済産業省令で定める技術基準に適合するように維持しなければならない。」とされ、技術基準省令第62号への適合とその維持が求められています。技術基準の維持は、実用発電用原子炉設備の設計・建設段階はもちろんのこと、その運転段階においても求められます。後述しますが、設備・機器は経年劣化によりき裂などが生じてきますので、建設当初の段階のまま維持されるわけではありません。そのために使用中における健全性評価の制度が設けられています。

(iii) 建設段階

　原子炉設置者は、上述の許可を受けた基本設計と工事計画の認可を受けたか届出をした詳細設計に基づき、建設の工事に入っていきますが、その段階での規制、すなわち運転を開始するまでに行われる規制は、大きく建設の進捗に伴う検査と運転開始前に必要な諸規定等の整備の2つがあります。これらについて主要なものを取りあげます。

　　(イ) 検査関係

　○［使用前検査］電気事業法第49条第1項により、第47条第1項若しくは第2項の認可を受けて設置若しくは変更の工事をする事業用電気工作物又は第48条第1項の規定による届出をして設置若しくは変更の工事をする事業用電気工作物であって、公共の安全の確保上特に重要なものとして経済産業省令で定めるものは、その工事について経済産業省令で定めるところにより経済産業大臣の検査を受け、これに合格した後でなければ、これを使用してはならないとされ、実用発電用原子炉の使用前に経済産業大臣の使用前検査に合格することが義務づけられています。また同法第49条第2項により、この使用前検査の合格基準としては、①工事が認可を受けた工事の計画又は届出をした工事の計画に従って行われたものであること、②同法第39条第1項の技術基準省令第62号で定める技術基準に適合することの2点が求められています。なお、実用発電用原子炉に対しては、原子炉等規制法第28条の使用前検査は適用されません。

　○［使用前安全管理検査］電気事業法第50条の2第1項により、第48条第1項の規定による届出をして設置又は変更の工事をする事業用電気工作物であって、経済産業省令で定めるものを設置する者は、

経済産業省令で定めるところにより、その使用の開始前に、当該事業用電気工作物について自主検査を行い、その結果を記録し、これを保存しなければならないとされ、事業者が電気事業法第48条の工事計画の届出をした工事の場合には、事業者自らに使用前自主検査を行うことを求めています。同法第50条の2第2項により、この使用前自主検査では①工事が届出をした工事の計画に従って行われたものであること、②同法第39条第1項の技術基準省令第62号で定める技術基準に適合することの2点についての確認が求められています。また、同法第50条の2第3項から第7項までにより、経済産業省は事業者の使用前自主検査の実施に係る体制（組織、検査の方法、工程管理その他経済産業省令で定める事項）について審査を行い、その審査結果に基づき総合的な評定を行い、これを事業者に通知することになります。この審査を使用前安全管理審査といいます。使用前安全管理審査の実施時期については、電気事業法施行規則第73条の6により、既に事業者が総合的な評定の通知を受けている場合は直近の評定の通知に関して、①当該通知において、使用前自主検査の実施につき十分な体制がとられていると評定された組織であって、当該通知を受けた日から3年を超えない時期に使用前自主検査を行ったものについては、当該通知を受けた日から3年を経過した日以降3月を超えない時期、②同じく当該通知において、使用前自主検査の実施につき十分な体制がとられていると評定された組織であって、当該通知を受けた日から3年を超えない時期に使用前安全管理審査を受ける必要があるとして経済産業大臣が定めるものについては、使用前安全管理審査を受ける必要が生じた時期、③これらの組織以外の場合は、工事の工程において使用前自主検査を行う時期の3つとなっています。また、まだ通知を受けたことがない場合は、この③の時期と同じになります。このように事業者の取組みを評価・評定し、その結果を規制の実施時期等に反映させるパフォーマンスを基礎とした規制が行われることになります。事業者に使用前自主検査を行うことを求めることと、経済産業省がその実施体制について使用前安全管理審査と総合的な評定を行うことを合わせて使用前安全管理検査といいます。

○［燃料体の設計の認可、燃料体検査、輸入燃料体の検査］電気事業法第51条第1項により、「発電用原子炉に燃料として使用する核燃料物質（以下「燃料体」という。）は、その加工について経済産業省令で定める加工の工程ごとに経済産業大臣の検査を受け、これに合格した後でなければ、これを使用してはならない。」とされ、燃料体の加工について検査を受けることが義務づけられています。同条第2項において、その合格の基準は①あらかじめ経済産業大臣の認可を受けた設計に従って行われていること、②経済産業省令で定める技術基準に適合することの2点になっており、燃料体の設計の認可を受けた上で、検査を受けることが規定されています。この②の経済産業省令は「発電用核燃料物質に関する技術基準を定める省令」のことを指します。また同条第3項により、輸入する燃料体については、経済産業大臣の検査を受け、これに合格した後でなければ使用してはならないとされ、その合格基準は「発電用核燃料物質に関する技術基準を定める省令」に示される技術基準に適合することとされています。

○［溶接安全管理検査］溶接については、事業者自らに検査を行うことを求め、その事業者の検査の取組み方を経済産業省が審査するというやり方をとり、これを溶接安全管理検査といいます。具体的には電気事業法第52条第1項の規定により、経済産業省令で定める電気工作物であって溶接をするものを設置する者は、その溶接について経済産業省令で定めるところにより、その使用の開始前に、当該電気工作物について事業者検査を行い、その結果を記録し、保存しなければならないとされ、事業者自身が溶接事業者検査を行うことを求めています。また同条第2項から第5項までにより、検査機関（原子力安全基盤機構又は経済産業大臣の登録を受けた者）は、事業者の溶接事業者検査の実施に係る体制（組織、検査の方法、工程管理その他経済産業省令で定める事項）について溶接安全管理審査を行い、その審査結果に基づき総合的な評定を行います。この評定の結果の活用の仕方は、使用前安全管理検査と同様です。事業者に溶接事業者検査を行うことを求めることと、その実施体制について検査機関が溶接安全管理審査と総合的な評定を行うことを合わせて

溶接安全管理検査といいます。なお、実用発電用原子炉に対しては、原子炉等規制法第28条の2の溶接の方法及び検査は適用されません。
 ㈹　規定等整備関係
○ ［保安規定の認可］原子炉等規制法第37条第1項により、原子炉設置者は、保安規定を定め、原子炉の運転開始前に、経済産業大臣の認可を受けなければならないとされ、原子炉施設の安全な運転を行うために保安規定を定め、経済産業大臣の認可を受けることが義務づけられています。保安規定に規定する内容は、施設の運転・管理、巡視点検、放射線管理、保守管理、保安教育、品質保証などの安全上重要な事項です。

　　具体的に保安規定に記載するべき事項は、実用発電炉規則第16条に示されており、その主要な内容は次の通りです。
　　① 関係法令及び保安規定の遵守のための体制（経営責任者の関与を含む。）に関すること。［注：下記の②と⑲も含めて、経営責任者の関与を明確にすることが求められています。］
　　② 安全文化を醸成するための体制（経営責任者の関与を含む。）に関すること。
　　③ 原子炉施設の品質保証に関すること（根本原因分析の方法及びこれを実施するための体制、作業手順書等の保安規定上の位置づけ並びに原子炉施設の定期的な評価に関することを含む。）。［注：（　）内にあるように、事故の際の根本原因分析の方法と体制をあらかじめ明確にしておくこと、重要な作業手順書等は保安規定との関係を明確にしておくこと、定期安全レビューを実施することが品質保証の取組みの一環として求められています。］
　　④ 原子炉施設の運転及び管理を行う者の職務及び組織に関すること（次の⑤に掲げるものを除く。）。
　　⑤ 原子炉主任技術者の職務の範囲及びその内容並びに原子炉主任技術者が保安の監督を行う上で必要となる権限及び組織上の位置づけに関すること。
　　⑥ 原子炉施設の運転及び管理を行う者に対する保安教育に関すること。

⑦　原子炉施設の運転に関すること（次の⑧と⑨に掲げるものを除く。）。
⑧　原子炉の運転期間に関すること。[注：定期検査の時期の適正化に関することとして、原子炉の運転期間を記載することが求められています。]
⑨　原子炉施設の運転の安全審査に関すること。[注：運転段階における安全確保の責任体制、特に品質保証計画に基づく品質保証活動の確実な実施が求められています。]
⑩　管理区域、保全区域及び周辺監視区域の設定並びにこれらの区域に係る立入制限等に関すること。
⑪　排気監視設備及び排水監視設備に関すること。
⑫　線量、線量当量、放射性物質の濃度及び放射性物質によって汚染された物の表面の放射性物質の密度の監視並びに汚染の除去に関すること。
⑬　放射線測定器の管理に関すること。
⑭　原子炉施設の巡視及び点検並びにこれらに伴う処置に関すること。
⑮　核燃料物質の受払い、運搬、貯蔵その他の取扱いに関すること。
⑯　放射性廃棄物の廃棄に関すること。
⑰　非常の場合に講ずべき処置に関すること。
⑱　初期消火活動のための体制の整備に関すること。
⑲　原子炉施設に係る保安（保安規定の遵守状況を含む。）に関する適正な記録及び報告（事故故障等の事象及びこれらに準ずるものが発生した場合の経営責任者への報告を含む。）
⑳　原子炉施設の保守管理に関すること（経年劣化に係る技術的な評価に関すること及び長期保守管理方針を含む。）。[注：高経年化対応としての技術的な評価とそれに基づく長期保守管理方針の策定が保守管理の一環として求められています。]
㉑　保守点検を行った事業者から得られた保安に関する技術情報についての他の原子炉設置者との共有に関すること。
㉒　不適合が発生した場合における当該不適合に関する情報の公

開に関すること。
㉓ その他原子炉施設に係る保安に関し必要な事項

　近年の保安規定の記載内容が充実した大きな点は、運転上の制限の導入です。運転中の原子炉は、「運転上の制限（LCO：Limiting Condition for Operation）」を満足することが求められます。もし運転上の制限を逸脱する事態が生じたときは①運転を停止する、又は②運転を継続しながら保安規定で定められている逸脱時の措置とその措置を完了するまでの許される時間（「許容待機除外時間（AOT：Allowed Outage Time）」といいます。）に従ってその事態に対応する、のいずれかをとることができます。以下に保安規定に従って運転上の制限の逸脱に対応する一例を示します。

- 運転上の制限（LCO）として「原子炉隔離時冷却系（1系統）が作動すること」と定められている。
- 原子炉隔離時冷却系（1系統）が動作不能となったという運転上の制限を逸脱する事態が発生したので、その時点でLCO逸脱の宣言をする。
- 原子炉を停止するか、又は次の措置をとり、運転を継続する。
  (a) 速やかに高圧炉心注水系2系列について動作可能であることを確認する。
  (b) 速やかに自動減圧系の窒素ガス供給圧力が所定の値であることを確認する。
  (c) この場合の許容待機除外時間（AOT）は10日間なので、この間に原子炉隔離時冷却系を動作可能状態に復旧する。

　このようにして、保安規定の中に運転上の制限に関することを取り入れ、運転中の様々な事態の発生に対して適確に対応できるようにしています。

○［保安規程の届出］電気事業法第42条に基づき、事業用電気工作物の工事、維持及び運用に関する保安を確保するため、保安規程を定め、事業用電気工作物の使用の開始前に、経済産業大臣に届け出ることが求められています。

○［原子炉主任技術者の選任の届出］原子炉等規制法第40条により、原子炉設置者は、原子炉の運転に関して保安の監督を行わせるため、

原子炉主任技術者免状を有する者のうちから、原子炉主任技術者を選任すること、また原子炉主任技術者を選任したときは、その旨を経済産業大臣に届け出ることが義務づけられています。

○ [核物質防護規定の認可] 原子炉等規制法第43条の2第1項により、原子炉設置者は、特定核燃料物質の防護のための核物質防護規定を定め、特定核燃料物質の取扱いを開始する前に、経済産業大臣の認可を受けることが義務づけられています。

○ [核物質防護管理者の選任の届出] 原子炉等規制法第43条の3により、原子炉設置者は、特定核燃料物質の防護に関する業務を統一的に管理させるため、特定核燃料物質の取扱い等の知識等について経済産業省令で定める要件を備える者のうちから、核物質防護管理者を選任すること、また核物質防護管理者を選任したときは、その旨を経済産業大臣に届け出ることが義務づけられています。

○ [国際規制物資の使用の届出] 原子炉等規制法第61条の3第4項により、原子炉設置者が国際規制物資を原子炉の設置又は運転の用に供する場合は、あらかじめ、その使用する国際規制物資の種類及び数量並びに予定使用期間を文部科学大臣に届け出なければならないとされ、国際規制物資としての核燃料物質の予定使用量等を文部科学大臣に届け出ることが義務づけられています。

○ [計量管理規定の認可] 原子炉等規制法第61条の8第1項により、国際規制物資使用者等は、国際規制物資の適正な計量及び管理を確保するため、計量管理規定を定め、国際規制物資の使用開始前に、文部科学大臣の認可を受けなければならないとされ、原子炉設置者は国際規制物資使用者等に該当するので、この計量管理規定を定めて、文部科学大臣の認可を受けることが義務づけられています。

(iv) 運転段階

運転段階では原子炉等規制法第30条により、原子炉設置者は、その設置に係る原子炉の運転計画を作成し、経済産業大臣に届け出ることが義務づけられています。

実用発電用原子炉施設は、運転期間が40年を超えるものも出てきているように全体的に運転期間が長期になっています。このため、安全な運転を確保し続けるために事業者が施設の保守管理を含めた保全のための

プログラムを立て、その保全プログラムに基づいて保全活動を行い、さらに国も保全プログラムを基礎とした検査を行うことが重要な柱になってきています。ここではまず、保全プログラムを基礎とした検査や評価を取りあげます。また、設備・機器は経年劣化によってき裂が生じてくることがありますが、このようなき裂を健全性の観点からどのように評価していくかということについても制度化されてきています。最初に全般的事項として、このような保全プログラムを基礎とした検査や健全性評価制度についてみた上で、検査関係と遵守するべき義務等をみていきます。

(イ) 全般的事項

○ ［保全プログラムを基礎とした検査のための保全活動の充実］保全プログラムを基礎とした検査は、具体的には①事業者に適確な保全活動を求めること、②定期検査と定期安全管理検査を保全プログラムを基礎にして、より合理的なものとすること、③高経年化対策を保全プログラムを基礎にして、より計画的なものとすることなどからなっています。このうち②については(ロ)の検査関係の中の定期検査のところで、③については(ハ)の遵守するべき義務等の中の高経年化対策のところでそれぞれみていくことにします。

① 品質保証及び原子炉施設の保守管理（原子炉等規制法第35条第1項（保安のために講ずべき措置）に基づく実用発電炉規則第7条の3第1項、第11条第1項）：原子炉ごとに保全活動を充実させるため、次の措置を講じることが求められています。

  (a) 保安規定に基づき品質保証計画を定め、これに基づき保安活動（実用発電炉規則第8条から第15条までに規定する措置、すなわち原子炉施設の保守管理等を含む。）の計画、実施、評価及び改善を行うこと。

  (b) 原子炉施設の性能が維持されるように保守管理方針を定めること。

  (c) 保守管理の方針に従って達成すべき保守管理の目標を定めること。特に原子炉及び保守管理の重要度が高い系統については、定量的な保守管理の目標を含めること。

  (d) 保守管理の目標を達成するため、保守管理の実施に関する計

画（保全計画）を策定し、保全計画に従って保守管理を実施すること。保全計画には次の事項を定めること。
- 保全計画の始期と期間を定めること。具体的には下記③にある通り、運転サイクルごとに保全計画を定めることが求められている。
- 原子炉運転中と運転停止中の区別をつけて、原子炉施設の点検等（点検、試験、検査、補修、取替え、改造等）の方法、実施頻度と時期を定めること。これによって、特に原子炉運転中における検査等の保守管理の実施を求める。
- 原子炉施設の点検等を実施する際に行う保安の確保のための措置に関すること。
- 原子炉の運転を相当期間停止する場合等において、特別な保守管理を講じること。

(e) 保守管理方針、保守管理の目標と保全計画を定期的に評価し、その結果を保守管理方針、保守管理の目標と保全計画に反映すること。

(f) 原子炉の運転を相当期間停止する場合等においては、保全計画の策定等において特別な措置を講ずること。

② 保安規定に定める保守管理の基本的事項（実用発電炉規則第16条第1項第20号）：原子炉等規制法に基づく保安規定の記載内容として、原子炉施設の保守管理に関すること（経年劣化に係る技術的な評価に関すること及び長期保守管理方針を含む。）を定めることとし、事業者が保守管理の基本的事項である長期保守管理方針を定めて、それを保安規定の一部として国の認可が必要なこととしています。

③ 保安規程に定める保全計画（電気事業法施行規則第50条第3項）：電気事業法に基づく保安規程の記載内容として、保守管理の実施に関する計画（保全計画）を定めることとし、次のような事項を保全計画に入れて、国への届出が必要なこととしています。
- 原子炉及び保守管理の重要度が高い系統について定量的に定める保守管理の目標
- 保全計画の始期（次回の定期検査の開始日（定期検査をまだ

受けていない新増設プラントについては使用前検査の開始日）及び期間(運転サイクルごとの保全計画の策定が求められる。))
- 点検等の方法、実施頻度及び時期
- 点検等を実施する際に行う保安の確保のための措置
- 定期事業者検査における技術基準適合性についての判定方法（定期事業者検査で設定する一定の期間を含む。）

④　予防保全の徹底（電気事業法施行規則第94条の3）：プラントごとの特性に応じて事業者が保全計画を策定することによる安全確保を徹底するため、定期事業者検査の実施に当たってはこれまでの検査方法として、(a)開放、分解、非破壊検査その他の各部の損傷、変形、摩耗及び異常の発生状況を確認するための十分な方法、(b)試運転その他の機能及び作動の状況を確認するための十分な方法とされてきましたが、運転中の検査（供用期間中検査）として(c)原子力発電所に属する特定電気工作物に係る定期事業者検査にあっては、これらの(a)と(b)の方法のほか、各部の損傷、変形、摩耗等による異常の発生の兆候を作動している状態で確認するための十分な方法が追加されました。

さらに、これらの方法に加えて新たに一定の期間を設定し、当該特定電気工作物がその期間が満了するまでの間、電気事業法第39条第1項に規定する技術基準に適合している状態を維持できるかどうかを判定する方法で行うものとするということが付け加えられました。

この一定の期間については、(a)これまでの点検、検査又は取替えの結果から示される有意な劣化の有無及び有意な劣化がある場合にはその劣化の傾向、(b)耐久性に関する研究の成果その他の研究の成果、(c)類似する機械又は器具の使用実績（当該電気工作物との材料及び使用環境の相違を踏まえたものに限る。）を考慮して事業者が設定することになります。その際、定期検査の時期に関係する電気工作物については、13月以上としなければならないとされています。

○　[健全性評価制度]　電気事業法第39条第1項は、「事業用電気工作物を設置する者は、事業用電気工作物を経済産業省令で定める技術

基準に適合するように維持しなければならない。」として、実用発電用原子炉設備を技術基準に適合するように維持することが求められています。より具体的には、電気事業法第55条第2項により、定期事業者検査においては、その特定電気工作物が第39条第1項の経済産業省令で定める技術基準に適合していることを確認しなければならないとされ、事業者が定期事業者検査において技術基準に適合していることを確認することが求められています。

　一方で、実用発電用原子炉の設備・機器においては経年劣化によってき裂が生じるものも出てきますが、このようなき裂に対して科学的・合理的判断に基づいて、その設備・機器の構造健全性を評価するための制度として健全性評価制度が設けられました。健全性評価制度は、次のような内容からなっています。

① 　健全性評価制度を導入するための法制度については、電気事業法第39条に改正は加えられていませんが、同法第55条（定期安全管理検査）が改正され、第3項として「定期事業者検査を行う特定電気工作物を設置する者は、当該定期事業者検査の際、原子力を原動力とする発電用の特定電気工作物であつて経済産業省令で定めるものに関し、一定の期間が経過した後に第三十九条第一項の経済産業省令で定める技術基準に適合しなくなるおそれがある部分があると認めるときは、当該部分が同項の経済産業省令で定める技術基準に適合しなくなると見込まれる時期その他の経済産業省令で定める事項について、経済産業省令で定めるところにより、評価を行い、その結果を記録し、これを保存するとともに、経済産業省令で定める事項については、これを経済産業大臣に報告しなければならない。」が加えられました。事業者が定期事業者検査において、経年劣化により技術基準に適合しなくなるおそれがあるき裂を発見したときは、技術基準に適合しなくなると見込まれる時期等を評価して、経済産業大臣に報告することが求められています。

② 　技術基準省令第62号に示される技術基準の内容については、当初製作時のものと運転段階の経年劣化後のものとに分けて記載されるように改正されました。例えば、技術基準省令第62号第9条

の2第1項には「使用中のクラス1機器、クラス1支持構造物、クラス2機器、クラス2支持構造物、クラス3機器、クラス4管、原子炉格納容器、原子炉格納容器支持構造物及び炉心支持構造物には、その破壊を引き起こすき裂その他の欠陥があってはならない。」として、運転段階の経年劣化を受けた場合の技術基準が示され、使用中のき裂等による破壊の防止が求められています。
③ このような健全性評価制度の対象となる設備・機器は、原子炉圧力容器、給水管、主蒸気管、再循環系配管等や炉内構造物である炉心シュラウド及びシュラウドサポートなどであり、具体的には、沸騰水型原子炉（BWR）のシュラウドやシュラウドサポートの溶接部、再循環系配管、加圧水型原子炉（PWR）の原子炉容器入口管台内表面などに生じたき裂に対して、健全性評価制度が適用されています。

㈠ 検査関係
○ ［定期検査］
A. 概要

電気事業法第54条第1項により、特定重要電気工作物（発電用のボイラー、タービンその他の電気工作物のうち、公共の安全の確保上特に重要なものとして経済産業省令で定める圧力以上の圧力を加えられる部分があるもの並びに発電用原子炉及びその附属設備であって経済産業省令で定めるものをいう。）については、これらを設置する者は、経済産業省令で定める時期ごとに、経済産業大臣が行う検査を受けなければならないとされ、事業者は経済産業大臣が行う定期検査を受けることが義務づけられています。国の定期検査の実施方法については、電気事業法施行規則第90条の2により、定期検査は、定期検査を受ける者が行う定期事業者検査に電気工作物検査官が立ち会い、又はその定期事業者検査の記録を確認することにより行うものとするとされています。定期事業者検査は、電気事業法第55条第1項で規定される事業者自らが行う定期的な検査のことですが、国の定期検査は経済産業省の検査官が事業者による定期事業者検査に立ち会うこと、又はその実施状況を確認することにより行われることになります。経済産業省令で定める時期については、

下記B．にみるように画一的な規定から個々の原子力発電施設の状況に応じた時期に行うという適正化が図られることになりました。
B．定期検査の時期の適正化
　① 　保守管理の観点から上限を設定（電気事業法施行規則第91条第1項）：定期検査の時期については、上述の保全活動の充実の措置を講じることにより保全が充実され、構成する機器の点検・検査の頻度が科学的根拠をもって設定されていることを国が定期検査を通じて確認した場合には、これに対応して適切な時期とすることが適当です。このため、定期検査の時期については、従来の画一的な規定（13月を超えない時期）に替えて、設備の保守管理の観点を踏まえて上限を設定する枠組みとして、次のように13月を超えない時期と18月を超えない時期の2つが設けられました。

特定重要電気工作物の区分	定期検査を受けるべき時期
一　特定重要電気工作物であって、その判定期間が13月以上であるものとして経済産業大臣が告示で定めるもの	定期検査が終了した日以降13月を超えない時期
二　特定重要電気工作物であって、その判定期間が18月以上であるものとして経済産業大臣が告示で定めるもの	定期検査が終了した日以降18月を超えない時期
三　特定重要電気工作物であって、その判定期間が24月以上であるものとして経済産業大臣が告示で定めるもの	定期検査が終了した日以降18月を超えない時期

　　　上記の表の中の区分において判定期間が24月以上と分類されているものについては、まだ段階的に慎重に取り組んでいく必要があるとされ、18月を超えない時期に定期検査を行うものとされています。この仕組みによる実績が積み重ねられた段階で、24月を超えない時期に定期検査を行うものに変更されることが見込まれています。
　② 　判定期間の指定（電気事業法施行規則第91条第2項）：上記①

の表の左欄の各原子力発電施設に対する判定期間については、定期検査対象となっている特定重要電気工作物のうち、定期検査の都度、補修、取替え等の措置を講じる必要のあるもの（運転中に補修、取替え等の措置を講じることができるもの、定格出力運転時に使用されないものを除く。）について、定期事業者検査において技術基準に適合している状態を維持するかどうかを判定する際に、事業者が設定している一定の期間（個々の点検・検査の頻度の最短のもの）を基本とすることになります。

　国は、個々の点検・検査の頻度についての妥当性については、保安規程（保全計画）の中で確認することとし、さらに国又は原子力安全基盤機構は、当該期間中、技術基準に適合している状態を維持することについて定期事業者検査で判定されていることを定期検査で確認します。

　定期検査により確認した結果（例：18月以上技術基準に適合している状態を維持するなど）に応じて、国は各原子力発電施設に適用される判定期間の分類を定めて告示することになります。

③　燃料交換等も踏まえた実質的な時期の設定（実用発電炉規則第16条第1項第8号）：上記②により告示された判定期間は、保守管理上の上限であり、事業者はこの期間内で燃料交換等も踏まえた上で、原子炉の運転期間を設定することになります。事業者が設定する原子炉の運転期間（原子炉停止間隔）は保安規定に記載すべき事項になりますので、国がその内容を審査した上で認可することになります。

　この内容の審査のため、運転期間を設定する際に考慮した事項についての説明資料が保安規定の認可（又は変更認可）の申請の際の添付書類として求められます。

○［定期安全管理検査］電気事業法第55条第1項により、「特定電気工作物（発電用のボイラー、タービンその他の経済産業省令で定める電気工作物であつて前条第一項で定める圧力以上の圧力を加えられる部分があるもの並びに発電用原子炉及びその附属設備であつて経済産業省令で定めるものをいう。以下同じ。）を設置する者は、経済産業省令で定めるところにより、定期に、当該特定電気工作物

について事業者検査を行い、その結果を記録し、これを保存しなければならない。」とされ、事業者自らに定期事業者検査を行うことが求められています。また同法第55条第2項により、この定期事業者検査では、同法第39条第1項の技術基準省令第62号に定める技術基準に適合していることの確認が求められています。さらに、同法第55条第4項から第6項までにより、検査機関（原子力安全基盤機構、経済産業大臣の登録を受けた者又は経済産業大臣）は、事業者の定期事業者検査の実施に係る体制（組織、検査の方法、工程管理その他経済産業省令で定める事項）について審査を行い、その審査結果に基づき総合的な評定を行うことになります。この総合的な評定の結果の活用については、使用前安全管理検査と同様です。事業者に定期事業者検査を行うことを求めることと、その実施体制について経済産業省が定期安全管理審査と総合的な評定を行うことを合わせて定期安全管理検査といいます。定期事業者検査の実施の時期については、電気事業法施行規則第94条の2第1項第5号により定期検査を受けるべき時期と同じとすることが規定されています。

○ ［保安検査］原子炉等規制法第37条第5項により、原子炉設置者は、保安規定の遵守の状況について、経済産業大臣が定期に行う検査を受けなければならないとされ、保安規定の遵守の状況について、経済産業大臣が行う保安検査を受けることが義務づけられています。実用発電炉規則第16条の2により、この保安検査は年4回行われることになっているほか、電気事業法第54条に基づく定期検査の際に行われる①原子炉の起動又は停止における操作（運転開始又は運転停止のための原子炉の操作をいう。）、②燃料の取替えに係る操作（炉心からの燃料の取り出し及び装荷のための操作をいう。）、③沸騰水型軽水炉における残留熱除去系冷却海水系統（以下「海水系統」という。）の切換えに係る操作（一の海水系統の機能を停止するとともに他の海水系統の機能を起動するための操作をいう。）［注：沸騰水型軽水炉の残留熱除去系冷却海水系統の切換えのための操作のことをいいます。］、④加圧水型軽水炉における原子炉容器内の水位の低下に係る操作及び原子炉容器内の水位を低下させた状態で行う残留熱の除去に係る操作［注：加圧水型軽水炉の原子炉容器内の水位

低下に係る操作と低下させた状態での残留熱除去（ミッドループ運転）の操作のことをいいます。〕に対しては保安検査が実施されることになります。
○〔核物質防護検査と保障措置検査〕原子炉等規制法第43条の2第2項と同法第61条の8の2により、原子炉設置者は、経済産業大臣の行う核物質防護検査と文部科学大臣の行う保障措置検査をそれぞれ受けなければなりません。これらの詳細については第Ⅵ章でみることにします。
○〔立入検査〕原子炉等規制法第68条により、経済産業大臣は、この法律の施行に必要な限度において、その職員に、原子力事業者等の事務所又は工場若しくは事業所に立ち入り、帳簿、書類その他必要な物件を検査させ、関係者に質問させ、又は試験のため必要な最小限度の量に限り、核原料物質、核燃料物質その他の必要な試料を収去させることができるとされ、経済産業省の職員が必要な限度内で立入検査ができることになっています。また、電気事業法第107条においても立入検査が規定されています。
○〔事業所外廃棄に関する確認等〕原子炉等規制法第58条により、返還廃棄物を受け入れるときは、事業所廃棄に関する確認等が求められます。詳細は本章の「3．(5)放射性廃棄物の管理の事業の安全規制」を参照して下さい。
(ハ) 遵守するべき義務等
○〔保安のために講ずべき措置〕原子炉等規制法第35条第1項により、原子炉設置者は、①原子炉施設の保全、②原子炉の運転、③核燃料物質又は核燃料物質によって汚染された物の運搬、貯蔵又は廃棄について、保安のために必要な措置を講じなければならないとされ、原子炉施設の運転段階において保安のために講ずべき措置が求められています。

　講ずべき措置の具体的な内容は、実用発電炉規則に規定されており、次の通りです。
　① 品質保証（規則第7条の3から第7条の3の7まで）
　　保安のために必要な措置を講じるに当たって品質保証計画を定め、これに基づき保安活動の計画、実施、評価及び改善を行

う（PDCAサイクルを回す。）ことが規定されており、事業者の保安の活動に品質保証が求められています。

② 作業手順書等の遵守（規則第7条の4）

　保安規定の遵守のみならず、保安規定に基づく要領書、作業手順書その他保安に関する文書（作業手順書等）を定めて、これらを遵守することが求められています。

③ 原子炉施設の定期的な評価（定期安全レビュー）（規則第7条の5）

　10年を超えない期間ごとに、原子炉ごとに保安活動の実施の状況を評価することと保安活動への最新の技術的知見の反映状況を評価することが求められています。これは「定期安全レビュー」と呼ばれています。

④ 管理区域への立入制限等（規則第8条）

　管理区域、保全区域及び周辺監視区域を定めて、立入制限等の措置を講じることが求められています。

⑤ 線量等に関する措置（規則第9条）

　放射線業務従事者の線量が経済産業大臣の定める線量限度を超えないようにすることなどが求められています。この線量限度等は、「実用発電用原子炉の設置、運転等に関する規則の規定に基づく線量限度等を定める告示」に示されています。

⑥ 原子炉施設の巡視及び点検（規則第10条）

　毎日1回以上、原子炉施設について巡視及び点検を行うことなどが求められています。

⑦ 原子炉施設の保守管理（規則第11条）

　原子炉の運転中及び運転停止中における原子炉施設の保全のために行う点検、試験、検査、補修、取替え、改造その他の必要な措置に関し、原子炉施設の性能が維持されるよう原子炉施設の保守管理方針を定めることなどが求められています。

⑧ 高経年化対策（規則第11条の2、関連して第11条、第16条）

　(a) 事業者は、原子炉の運転を開始した日以後30年を経過する日までに経年劣化に関する技術的な評価を行い、その評価の結果に基づき10年間に実施すべき原子炉施設についての保守

管理に関する方針、すなわち長期保守管理方針を策定することが求められます。長期保守管理方針の内容は、保守管理として一貫した扱いとするために保守管理方針に反映させることとされています（規則第11条第2項、第11条の2）。
　(b)　さらに高経年化対策の確実な実施のため、長期保守管理方針は保安規定の記載事項とされ、これを定め又は変更する場合には、国がその内容を審査した上で認可することとされています（規則第16条第1項第20号）。
　(c)　原子炉の運転期間を変更する場合などにおいては、高経年化技術評価の見直しを行い、その結果に基づき必要に応じ長期保守管理方針を変更するものとされています（規則第11条の2第3項）。
⑨　初期消火活動のための体制の整備（規則第11条の3）
　　火災が発生した場合における初期消火活動を行うための体制の整備について必要な措置を講じることなどが求められています。
⑩　原子炉の運転（規則第12条）
　　原子炉の運転に必要な知識を有する者に運転を行わせることなどの原子炉の運転に関する措置を講じることが求められています。
⑪　工場又は事業所において行われる運搬（規則第13条）
　　核燃料物質等を運搬する場合は、容器に封入することなどの工場又は事業所において行われる核燃料物質等の運搬に関する措置が求められています。
⑫　貯蔵（規則第14条）
　　核燃料物質の貯蔵は、いかなる場合においても核燃料物質が臨界に達するおそれがないように行うことなどの核燃料物質の貯蔵に関する措置が求められています。
⑬　工場又は事業所において行われる廃棄（規則第15条）
　　工場又は事業所において行われる放射性廃棄物の廃棄に関し必要な措置を採ることが求められています。
　以上のように、原子炉等規制法第35条第1項が求めている保安のために講ずべき措置の内容は多岐にわたっていますが、特に近年、

上記の①、③及び⑧にある通り、事業者に品質保証の取組みを求めることや、定期安全レビューと高経年化技術評価のように運転期間が長くなることに伴う評価や長期的な保守管理方針の策定を求めることなどが実用発電用原子炉における安全規制の重要な取組みになっています。

○［特定核燃料物質の防護のために講ずべき措置］原子炉等規制法第35条第2項により、原子炉設置者は、特定核燃料物質を取り扱う場合で政令で定める場合には、防護措置を講じなければならないとされています。

(v) **廃止段階**

○［廃止措置計画の認可等］原子炉等規制法第43条の3の2第1項により、原子炉設置者は、原子炉を廃止しようとするときは、原子炉施設の解体、その保有する核燃料物質の譲渡し、核燃料物質による汚染の除去、核燃料物質によって汚染された物の廃棄その他の経済産業省令で定める廃止措置を講じることが求められています。また同条第2項により、原子炉設置者は、廃止措置を講じようとするときは、あらかじめ廃止措置計画を定めて経済産業大臣の認可を受けるべきことが規定されています。

○［電気工作物の変更届出］実用発電用原子炉施設を廃止することは、電気事業法上の電気工作物を変更することになりますので、電気事業法第9条の電気工作物の変更届出が必要になります。

○［保安規定の変更認可］廃止措置計画の認可を受けるとともに、廃止の作業を行っているときの保安の確保のために、原子炉等規制法第37条第1項の規定に基づき、保安規定を変更することが求められます。

○［施設定期検査］廃止の作業の段階において廃止措置対象施設内に核燃料物質が存在している間は、原子炉等規制法第29条に基づく施設定期検査が行われることになります（実用発電炉規則第3条の15の2）。

○［保安検査］原子炉等規制法第37条第5項に基づく保安規定の遵守状況の調査、すなわち保安検査についても廃止措置計画の認可を受けたときは、廃止措置の実施状況に応じ、毎年4回以内行われるこ

とになります（実用発電炉規則第16条の２）。

○［クリアランス制度］廃止措置段階では、クリアランス制度が重要になります。クリアランス制度とは、原子力発電所の解体などで発生する資材等のうち、人の健康への影響が無視できるほど放射能レベルが極めて低いものは、普通の産業廃棄物として再利用又は処分することができるようにするための制度です。このため、原子炉等規制法第61条の２第１項により、原子力事業者等は、工場等において用いた資材その他の物に含まれる放射性物質についての放射能濃度が放射線による障害の防止のための措置を必要としないものとして経済産業省令で定める基準を超えないことについて、経済産業省令で定めるところにより、経済産業大臣の確認を受けることができるとされています。また同条第２項により、このクリアランスの確認を受けようとする者は、経済産業省令で定めるところにより、あらかじめ経済産業大臣の認可を受けた放射能濃度の測定及び評価の方法に基づき、その確認を受けようとする物に含まれる放射性物質の放射能濃度の測定及び評価を行い、その結果を記載した申請書その他経済産業省令で定める書類を経済産業大臣に提出しなければならないとされています。このように資材の放射能濃度に係るクリアランスの確認は、①［第１段階］：国による事業者の放射能濃度の測定及び評価の方法についての事前の認可、②［第２段階］：国・原子力安全基盤機構による測定結果の確認という２段階で行われることになります。クリアランス制度の詳細については、本章の「５．クリアランス制度」で取りあげます。

○［廃止措置の終了に対する確認］廃止のための作業が進み、終了段階になりますと、原子炉等規制法第43条の３の２第３項により、原子炉設置者は、廃止措置が終了したときは、その結果が経済産業省令で定める基準に適合していることについて、経済産業大臣の確認を受けなければならないとされ、その確認を受けたときは、原子炉等規制法第23条第１項による原子炉の設置の許可は、その効力を失うことになります。

(実用発電用原子炉に関する規制等のまとめ)

(注:[原]は原子炉等規制法を指し、[電]は電気事業法を指す。)

事業の段階	規制の内容	該当条文	政令、規則等
(1)定義	[原]原子炉	[原]第2条第4項	原子力基本法第3条第4号、定義政令第3条
(2)事業用電気工作物の維持	[電]技術基準への適合の維持	[電]第39条	技術基準省令第62号
	[電]技術基準適合命令	[電]第40条	
(3)計画・設計段階	[原]原子炉の設置許可	[原]第23条	原子炉等規制法施行令第11条、実用発電炉規則第2条
	[原]許可の基準	[原]第24条	
	[原]変更の許可及び届出等	[原]第26条	原子炉等規制法施行令第14条、実用発電炉規則第3条
	[電]電気工作物の変更届出	[電]第9条	電気事業法施行規則第10条、第11条
	[電]工事計画の認可	[電]第47条	①原子炉等規制法第27条の設計及び工事の方法の認可は適用除外 ②電気事業法施行規則第62条〜第64条、第67条 ③技術基準については技術基準省令第62号
	[電]工事計画の届出	[電]第48条	①原子炉等規制法第27条の設計及び工事の方法の認可は適用除外 ②電気事業法施行規則第65条〜第67条 ③技術基準については技術基準省令第62号

事業の段階	規制の内容	該当条文	政令、規則等
(4)建設段階	[電]使用前検査	[電]第49条	①原子炉等規制法第28条の使用前検査は適用除外 ②電気事業法施行規則第68条～第73条の2
	[電]使用前自主検査	[電]第50条の2 第1項、第2項	①使用前自主検査と使用前安全管理審査とを合わせて使用前安全管理検査（[電]第50条の2）という。 ②使用前自主検査については電気事業法施行規則第73条の2の2～第73条の5 ③使用前安全管理審査については電気事業法施行規則第73条の6～第73条の9
	[電]使用前安全管理審査	[電]第50条の2 第3項～第7項	
	[電]燃料体の設計の認可	[電]第51条第2項	電気事業法施行規則第77条
	[電]燃料体検査	[電]第51条第1項	①電気事業法施行規則第74条～第76条の3、第78条～第78条の6 ②技術基準については発電用核燃料物質技術基準省令
	[電]輸入燃料体の検査	[電]第51条第3項	①電気事業法施行規則第78条～第78条の4 ②技術基準については発電用核燃料物質技術基準省令
	[電]溶接事業者検査	[電]第52条第1項	①原子炉等規制法第28条の2の溶接の方法及び検査は

57

事業の段階	規制の内容	該当条文	政令、規則等
	[電]溶接安全管理審査	[電]第52条第2項～第5項	適用除外 ②溶接事業者検査と溶接安全管理審査とを合わせて溶接安全管理検査([電]第52条)という。 ③溶接事業者検査については電気事業法施行規則第79条～第83条 ④溶接安全管理審査については電気事業法施行規則第83条の2～第86条
	[原]保安規定の認可	[原]第37条第1項	実用発電炉規則第16条
	[電]保安規程の届出	[電]第42条	電気事業法施行規則第50条、第51条
	[原]原子炉主任技術者の選任の届出	[原]第40条	実用発電炉規則第19条
	[原]核物質防護規定の認可	[原]第43条の2	実用発電炉規則第19条の2
	[原]核物質防護管理者の選任の届出	[原]第43条の3	実用発電炉規則第19条の3、第19条の4
	[原]国際規制物資の使用の届出	[原]第61条の3第4項	国規物規則第1条の3
	[原]計量管理規定の認可	[原]第61条の8	国規物規則第4条の2の2
(5)運転段階	[原]運転計画の届出	[原]第30条	実用発電炉規則第4条
	[電]定期検査	[電]第54条	①原子炉等規制法第29条の施設定期検査は適用除外 ②電気事業法施行規則第89条～第93条の4
	[電]定期事業者検査	[電]第55条第1	①定期事業者検査

事業の段階	規制の内容	該当条文	政令、規則等
		項、第2項	と定期安全管理審査とを合わせて定期安全管理検査（[電]第55条）という。 ②定期事業者検査については電気事業法施行規則第94条～第94条の4 ③健全性評価については電気事業法施行規則第94条の4の2 ④定期安全管理審査については電気事業法施行規則第94条の5～第94条の7
	[電]定期事業者検査における健全性評価	[電]第55条第3項	
	[電]定期安全管理審査	[電]第55条第4項～第6項	
	[原]記録の作成保管	[原]第34条	実用発電炉規則第7条、第7条の2
	[原]保安のために講ずべき措置	[原]第35条第1項	
	・品質保証	同上	実用発電炉規則第7条の3～第7条の3の7
	・作業手順書等の遵守	同上	実用発電炉規則第7条の4
	・原子炉施設の定期的な評価（定期安全レビュー）	同上	実用発電炉規則第7条の5
	・管理区域への立入制限等	同上	実用発電炉規則第8条
	・線量等に関する措置	同上	①実用発電炉規則第9条 ②実用発電炉等線量限度告示
	・原子炉施設の巡視及び点検	同上	実用発電炉規則第10条
	・原子炉施設の保守管理	同上	実用発電炉規則第11条

事業の段階	規制の内容	該当条文	政令、規則等
	・高経年化対策	同上	実用発電炉規則第11条の2、関連して第11条、第16条
	・初期消火活動のための体制の整備	同上	実用発電炉規則第11条の3
	・原子炉の運転	同上	実用発電炉規則第12条
	・工場又は事業所において行われる運搬	同上	実用発電炉規則第13条
	・貯蔵	同上	実用発電炉規則第14条
	・工場又は事業所において行われる廃棄	同上	実用発電炉規則第15条
	[原]特定核燃料物質の防護のために講ずべき措置	[原]第35条第2項	原子炉等規制法施行令第18条、実用発電炉規則第15条の2
	[原]保安検査	[原]第37条第5項	実用発電炉規則第16条の2
	[原]核物質防護検査	[原]第43条の2第2項	実用発電炉規則第19条の2の2
	[原]保障措置検査	[原]第61条の8の2	国物規則第4条の2の3、第4条の2の6
	[原]事業所外廃棄に関する確認等	[原]第58条	原子炉等規制法施行令第46条、外廃棄規則第3条〜第5条、外廃棄措置告示
	[原]主務大臣等への報告	[原]第62条の3	実用発電炉規則第19条の17
	[原]警察官等への届出	[原]第63条	
	[原]危険時の措置	[原]第64条	実用発電炉規則第20条
	[原]主務大臣等に対する申告	[原]第66条の2	

事業の段階	規制の内容	該当条文	政令、規則等
	[原]報告徴収	[原]第67条	実用発電炉規則第24条
	[電]報告の徴収	[電]第106条	
	[原]立入検査	[原]第68条	
	[電]立入検査	[電]第107条	
	[電]原子力安全委員会への報告	[電]第107条の3	電気事業法施行規則第133条の2
	[原]許可の取消し等	[原]第33条	
(6)廃止段階	[原]廃止措置計画の認可等	[原]第43条の3の2	実用発電炉規則第19条の5〜第19条の9
	[電]電気工作物の変更届出	[電]第9条	電気事業法施行規則第10条、第11条
	[原]保安規定の変更認可	[原]第37条第1項	実用発電炉規則第16条第3項
	[原]施設定期検査	[原]第29条	実用発電炉規則第3条の15の2
	[原]保安検査	[原]第37条第5項	実用発電炉規則第16条の2
	[原]クリアランス制度	[原]第61条の2	放射能濃度確認規則
	[原]クリアランスの確認について主務大臣から環境大臣に連絡	[原]第72条の2の2	
	[原]廃止措置の終了に対する確認	[原]第43条の3の2第3項	実用発電炉規則第19条の10、第19条の11

(原子炉等規制法施行令＝核原料物質、核燃料物質及び原子炉の規制に関する法律施行令、定義政令＝核燃料物質、核原料物質、原子炉及び放射線の定義に関する政令、実用発電炉規則＝実用発電用原子炉の設置、運転等に関する規則、技術基準省令第62号＝発電用原子力設備に関する技術基準を定める省令、発電用核燃料物質技術基準省令＝発電用核燃料物質に関する技術基準を定める省令、国規物規則＝国際規制物資の使用等に関する規則、外廃棄規則＝核燃料物質等の工場又は事業所の外における廃棄に関する規則、放射能濃度確認規則＝核原料物質、核燃料物質及び原子炉の規制に関する法律第61条の

2第4項に規定する製錬事業者等における工場等において用いた資材その他の物に含まれる放射性物質の放射能濃度についての確認等に関する規則、実用発電炉等線量限度告示=実用発電用原子炉の設置、運転等に関する規則の規定に基づく線量限度等を定める告示、外廃棄措置告示=核燃料物質等の工場又は事業所の外における廃棄に関する措置等に係る技術的細目）

(2) 試験研究用原子炉の安全規制

(ⅰ) 法の適用

　試験研究用原子炉の安全規制は文部科学大臣が所管し、法律としては、原子炉等規制法が適用されます。試験研究炉は、大学や日本原子力研究開発機構のような原子力の研究機関に設置されており、原子炉の研究や放射線照射の研究などの目的のために活用されています。

　試験研究用原子炉に対する安全規制を計画・設計段階、建設段階、運転段階及び廃止段階の4つに分けてみていきます。試験研究用原子炉の規制は、原子炉等規制法の下で原子炉等規制法施行令や「試験研究の用に供する原子炉等の設置、運転等に関する規則」（以下「試験炉規則」といいます。）によって、詳細な規制の内容が規定されています。

(ⅱ) 計画・設計段階

　原子炉等規制法第23条第1項により、試験研究用原子炉を設置しようとする者は、文部科学大臣の許可を受けなければならないとされています。そして同条第2項により、試験研究用原子炉の設置の許可を受けようとする者は、原子炉の型式、熱出力及び基数、原子炉及びその附属施設の位置、構造及び設備などを記載した申請書を文部科学大臣に提出しなければならないとされ、その申請書に基づき文部科学大臣の審査が行われることになります。同法第24条に示される許可の基準については、実用発電用原子炉の場合と同じですので説明を省略します。

　原子炉の設置の許可を受けた者、すなわち原子炉設置者は、次に基本設計に基づく詳細設計を進めていくことになりますが、この詳細設計については国の認可が必要です。すなわち同法第27条第1項により、原子炉設置者は、原子炉施設の工事に着手する前に、原子炉施設に関する設計及び工事の方法について文部科学大臣の認可を受けなければならないとされ、設計及び工事の方法について文部科学大臣の認可を受けること

が義務づけられています。設計及び工事の方法の認可の基準は、同条第3項により(イ)許可を受けたところに適合することと、(ロ)技術上の基準に適合することの2点になっています。(ロ)の技術上の基準については、「試験研究の用に供する原子炉等の設計及び工事の方法の技術基準に関する規則」として示されています。原子炉等規制法における「設計及び工事の方法の認可」は、「設工認」と略称されることがあります。

(iii) 建設段階

　原子炉設置者は、許可を受けた基本設計と設計及び工事の方法の認可を受けた詳細設計に基づき、建設のための工事に入っていきますが、その段階での規制、すなわち運転を開始するまでに行われる規制は、大きく建設の進捗に伴う検査と運転開始前に必要な諸規定等の整備の2つがあります。これらについて主要なものを取りあげます。

　(イ)　検査関係

　○［使用前検査］同法第28条第1項により、原子炉設置者は、原子炉施設の工事及び性能について文部科学大臣の検査を受け、これに合格した後でなければ、原子炉施設を使用してはならないとされ、試験研究用原子炉の使用前に文部科学大臣の使用前検査を受けることが義務づけられています。また同条第2項により、この使用前検査の合格基準は①その工事が認可を受けた設計及び工事の方法に従って行われていること、②その性能が文部科学省令で定める技術上の基準に適合することの2点になっています。②の技術上の基準については、試験炉規則第3条の5に示されています。

　○［溶接の方法の認可及び検査］同法第28条の2第1項により、原子炉容器その他の文部科学省令で定める原子炉施設であって溶接をするものについては、その溶接につき文部科学大臣の検査を受け、これに合格した後でなければ、原子炉設置者は、これを使用してはならないとされ、文部科学大臣の行う溶接検査を受けることが義務づけられています。また同条第2項により、溶接検査を受けようとする者は、その溶接の方法について文部科学大臣の認可を受けなければならないとされ、溶接検査に先立って溶接の方法について文部科学大臣の認可を受けることが義務づけられています。溶接の技術基準については、「試験研究の用に供する原子炉等の溶接の技術基準

に関する規則」に示されています。
(ロ) 規定等整備関係

○［保安規定の認可］同法第37条第1項により、原子炉設置者は、保安規定を定め、原子炉の運転開始前に、文部科学大臣の認可を受けなければならないとされ、原子炉施設の安全な運転を行うために保安規定を定めて、文部科学大臣の認可を受けることが義務づけられています。保安規定に規定する内容は、施設の運転・管理、巡視点検、放射線管理、保守管理、保安教育、品質保証等の原子炉施設の安全な運転を確保する上での重要な事項です。

○［原子炉主任技術者の選任の届出］同法第40条により、原子炉設置者は、原子炉の運転に関して保安の監督を行わせるため、原子炉主任技術者免状を有する者のうちから、原子炉主任技術者を選任すること、また原子炉主任技術者を選任したときは、その旨を文部科学大臣に届け出ることが義務づけられています。

○［核物質防護規定の認可］同法第43条の2第1項により、原子炉設置者は、特定核燃料物質の防護のための核物質防護規定を定め、特定核燃料物質の取扱いを開始する前に、文部科学大臣の認可を受けることが義務づけられています。

○［核物質防護管理者の選任の届出］同法第43条の3により、原子炉設置者は、特定核燃料物質の防護に関する業務を統一的に管理させるため、特定核燃料物質の取扱い等の知識等について文部科学省令で定める要件を備える者のうちから、核物質防護管理者を選任すること、また核物質防護管理者を選任したときは、その旨を文部科学大臣に届け出ることが義務づけられています。

○［国際規制物資の使用の届出］同法第61条の3第4項により、原子炉設置者が国際規制物資を原子炉の設置又は運転の用に供する場合は、あらかじめ、その使用する国際規制物資の種類及び数量並びに予定使用期間を文部科学大臣に届け出なければならないとされ、国際規制物資としての核燃料物質の予定使用量等を文部科学大臣に届け出ることが義務づけられています。

○［計量管理規定の認可］同法第61条の8第1項により、国際規制物資使用者等は、国際規制物資の適正な計量及び管理を確保するため、

計量管理規定を定め、国際規制物資の使用開始前に、文部科学大臣の認可を受けなければならないとされ、原子炉設置者は国際規制物資使用者等に該当するので、この計量管理規定を定めて文部科学大臣の認可を受けることが義務づけられています。

(iv) 運転段階

運転段階では同法第30条により、原子炉設置者は、その設置に係る原子炉の運転計画を作成し、文部科学大臣に届け出ることが義務づけられています。運転段階の規制等は、大きく施設の運転に係る各種の検査と原子炉設置者が遵守するべき義務等の2つがあります。これらについて主要なものを取りあげます。

(イ) 検査関係

○ ［施設定期検査］同法第29条第1項により、原子炉設置者は、原子炉施設のうち、政令で定めるものの性能について、文部科学大臣が毎年一回定期に行う検査を受けなければならないとされ、文部科学大臣による毎年1回の定期検査を受けることが義務づけられています。

○ ［保安検査］同法第37条第5項により、原子炉設置者は、保安規定の遵守の状況について、文部科学大臣が定期に行う検査を受けなければならないとされ、保安規定の遵守の状況について、文部科学大臣が行う保安検査を受けることが義務づけられています。試験炉規則第15条の2により、この保安検査は年4回行われることになっています。

○ ［核物質防護検査と保障措置検査］同法第43条の2第2項と同法第61条の8の2により、原子炉設置者は、文部科学大臣の行う核物質防護検査と保障措置検査をそれぞれ受けなければなりません。これらの詳細については第Ⅵ章でみることにします。

○ ［立入検査］同法第68条により、文部科学大臣は、この法律の施行に必要な限度において、その職員に、原子力事業者等の事務所又は工場若しくは事業所に立ち入り、帳簿、書類その他必要な物件を検査させ、関係者に質問させ、又は試験のため必要な最小限度の量に限り、核原料物質、核燃料物質その他の必要な試料を収去させることができるとされ、文部科学省の職員が必要な限度内で立入検査が

できることになっています。
(ロ) 遵守するべき義務等
○［保安のために講ずべき措置］同法第35条第1項により、原子炉設置者は、①原子炉施設の保全、②原子炉の運転、③核燃料物質又は核燃料物質によって汚染された物の運搬、貯蔵又は廃棄について、保安のために必要な措置を講じなければならないとされ、原子炉施設の運転段階において保安のために講ずべき措置が求められています。

講ずべき措置の具体的な内容は、試験炉規則に規定されており、次の通りです。

① 管理区域への立入制限等（規則第7条）
　管理区域、保全区域及び周辺監視区域を定めて、立入制限等の措置を講じることが求められています。

② 線量等に関する措置（規則第8条）
　放射線業務従事者の線量が文部科学大臣の定める線量限度を超えないようにすることなどが求められています。この線量限度等は、「試験研究の用に供する原子炉等の設置、運転等に関する規則等の規定に基づき、線量限度等を定める告示」に示されています。

③ 原子炉施設の巡視及び点検（規則第9条）
　毎日1回以上、原子炉施設について巡視及び点検を行うことなどが求められています。

④ 原子炉施設の施設定期自主検査（規則第10条）
　原子炉設置者自らが原子炉施設の定期的な自主検査を行うことが求められています。

⑤ 原子炉の運転（規則第11条）
　原子炉の運転に必要な知識を有する者に運転を行わせることなどの原子炉の運転に関する措置を講じることが求められています。

⑥ 工場又は事業所内の運搬（規則第12条）
　核燃料物質等を運搬する場合は、容器に封入することなどの工場又は事業所において行われる核燃料物質等の運搬に関する

措置が求められています。
　⑦　貯蔵（規則第13条）
　　　核燃料物質の貯蔵は、いかなる場合においても核燃料物質が臨界に達するおそれがないように行うことなどの核燃料物質の貯蔵に関する措置が求められています。
　⑧　工場又は事業所内の廃棄（規則第14条）
　　　工場又は事業所において行われる放射性廃棄物の廃棄に関し必要な措置を採ることが求められています。
　⑨　原子炉施設の定期的な評価（定期安全レビュー）（規則第14条の2第1項）
　　　原子炉の運転を開始した日から10年を超えない期間ごとに、原子炉施設における保安活動の実施の状況の評価を行うことと保安活動への最新の技術的知見の反映状況を評価すること（定期安全レビュー）が求められています。
　⑩　高経年化対策（規則第14条の2第2項）
　　　原子炉の運転を開始した日から30年を経過する日までに、経年変化に関する技術的な評価を行うことと、その評価の結果に基づき原子炉施設の保全のために実施すべき措置に関する10年間の計画を策定することが求められています。
　以上のように、同法第35条第1項が求めている保安のために講ずべき措置の内容は多岐にわたっていますが、特に近年、上記の④、⑨、⑩にある通り、施設定期自主検査、定期安全レビュー、高経年化対策などが求められるようになりました。
　○［特定核燃料物質の防護のために講ずべき措置］同法第35条第2項により、原子炉設置者は、特定核燃料物質を取り扱う場合で政令で定める場合には、防護措置を講じなければならないとされています。

(ⅴ)　廃止段階
　廃止段階は同法第43条の3の2第1項により、原子炉設置者は、原子炉を廃止しようとするときは、原子炉施設の解体、その保有する核燃料物質の譲渡し、核燃料物質による汚染の除去、核燃料物質によって汚染された物の廃棄その他の文部科学省令で定める廃止措置を講じることが求められています。また同条第2項により、原子炉設置者は、廃止措置

を講じようとするときは、あらかじめ廃止措置計画を定めて文部科学大臣の認可を受けるべきことが規定されています。さらに廃止の作業を行っているときの保安の確保のために、保安規定を変更することになります。このようにして廃止の作業に入りますが、この間も同法第29条に基づく施設定期検査は行われることになります。また、保安規定の遵守状況の調査、すなわち保安検査についても廃止措置計画の認可を受けたときは、廃止措置の実施状況に応じ、毎年4回以内行われることになります（試験炉規則第15条の2）。廃止措置に伴う廃棄物に対するクリアランス制度の適用については、本章の「5．クリアランス制度」で詳しく述べます。廃止のための作業が進み、終了段階になりますと、同法第43条の3の2第3項により、原子炉設置者は、廃止措置が終了したときは、その結果が文部科学省令で定める基準に適合していることについて、文部科学大臣の確認を受けなければならないとされ、その確認を受けたときは、同法第23条第1項による原子炉の設置の許可は、その効力を失うことになります。

(試験研究用原子炉に関する規制等のまとめ)

(注：[原]は原子炉等規制法を指す。)

事業の段階	規制の内容	該当条文	政令、規則等
(1)定義	原子炉	[原]第2条第4項	原子力基本法第3条第4号、定義政令第3条
(2)計画・設計段階	原子炉の設置許可	[原]第23条	原子炉等規制法施行令第11条、試験炉規則第1条の3
	変更の許可及び届出等	[原]第26条	原子炉等規制法施行令第14条、試験炉規則第2条
	設計及び工事の方法の認可	[原]第27条	①試験炉規則第3条〜第3条の2の2 ②技術基準については試験研究炉設工規則

事業の段階	規制の内容	該当条文	政令、規則等
(3)建設段階	使用前検査	[原]第28条	試験炉規則第3条の3～第3条の6
	溶接の方法の認可	[原]第28条の2第2項	試験炉規則第3条の11
	溶接検査	[原]第28条の2第1項	①試験炉規則第3条の7～第3条の10 ②溶接の技術基準については試験研究炉溶接規則
	保安規定の認可	[原]第37条第1項	試験炉規則第15条
	原子炉主任技術者の選任の届出	[原]第40条	試験炉規則第16条
	核物質防護規定の認可	[原]第43条の2第1項	試験炉規則第16条の2
	核物質防護管理者の選任の届出	[原]第43条の3	試験炉規則第16条の3
	国際規制物資の使用の届出	[原]第61条の3第4項	国規物規則第1条の3
	計量管理規定の認可	[原]第61条の8	国規物規則第4条の2の2
(4)運転段階	運転計画の届出	[原]第30条	試験炉規則第4条
	施設定期検査	[原]第29条	原子炉等規制法施行令第16条、試験炉規則第3条の14～第3条の17
	記録の作成保管	[原]第34条	試験炉規則第6条、第6条の2
	保安のために講ずべき措置	[原]第35条第1項	
	・管理区域への立入制限等	同上	試験炉規則第7条
	・線量等に関する措置	同上	①試験炉規則第8条 ②試験研究炉等線量限度告示

事業の段階	規制の内容	該当条文	政令、規則等
	・原子炉施設の巡視及び点検	同上	試験炉規則第9条
	・原子炉施設の施設定期自主検査	同上	試験炉規則第10条
	・原子炉の運転	同上	試験炉規則第11条
	・工場又は事業所内の運搬	同上	試験炉規則第12条
	・貯蔵	同上	試験炉規則第13条
	・工場又は事業所内の廃棄	同上	試験炉規則第14条
	・原子炉施設の定期的な評価(定期安全レビュー)	同上	試験炉規則第14条の2第1項
	・高経年化対策	同上	試験炉規則第14条の2第2項
	特定核燃料物質の防護のために講ずべき措置	[原]第35条第2項	原子炉等規制法施行令第18条、試験炉規則第14条の3
	保安検査	[原]第37条第5項	試験炉規則第15条の2
	核物質防護検査	[原]第43条の2第2項	試験炉規則第16条の2の2
	保障措置検査	[原]第61条の8の2	国規物規則第4条の2の3、第4条の2の6
	事業所外廃棄に関する確認等	[原]第58条	原子炉等規制法施行令第46条、外廃棄規則第3条～第5条、外廃棄措置告示
	主務大臣等への報告	[原]第62条の3	試験炉規則第16条の14
	警察官等への届出	[原]第63条	
	危険時の措置	[原]第64条	試験炉規則第17条
	主務大臣等に対する申告	[原]第66条の2	
	報告徴収	[原]第67条	試験炉規則第18条
	立入検査	[原]第68条	

事業の段階	規制の内容	該当条文	政令、規則等
(5)廃止段階	許可の取消し等	[原]第33条	
	廃止措置計画の認可等	[原]第43条の3の2	試験炉規則第16条の5～第16条の9
	保安規定の変更認可	[原]第37条第1項	
	施設定期検査	[原]第29条	
	保安検査	[原]第37条第5項	試験炉規則第15条の2
	クリアランス制度	[原]第61条の2	試験研究炉等放射能濃度確認規則
	クリアランスの確認について主務大臣から環境大臣に連絡	[原]第72条の2の2	
	廃止措置の終了に対する確認	[原]第43条の3の2第3項	試験炉規則第16条の10、第16条の11

(原子炉等規制法施行令＝核原料物質、核燃料物質及び原子炉の規制に関する法律施行令、定義政令＝核燃料物質、核原料物質、原子炉及び放射線の定義に関する政令、試験炉規則＝試験研究の用に供する原子炉等の設置、運転等に関する規則、試験研究炉設工規則＝試験研究の用に供する原子炉等の設計及び工事の方法の技術基準に関する規則、試験研究炉溶接規則＝試験研究の用に供する原子炉等の溶接の技術基準に関する規則、国規物規則＝国際規制物資の使用等に関する規則、外廃棄規則＝核燃料物質等の工場又は事業所の外における廃棄に関する規則、試験研究炉等放射能濃度確認規則＝試験研究の用に供する原子炉等に係る放射能濃度についての確認等に関する規則、試験研究炉等線量限度告示＝試験研究の用に供する原子炉等の設置、運転等に関する規則等の規定に基づき、線量限度等を定める告示、外廃棄措置告示＝核燃料物質等の工場又は事業所の外における廃棄に関する措置等に係る技術的細目）

(3) 研究開発段階発電用原子炉の安全規制

(i) 法の適用

　研究開発段階発電用原子炉の安全規制は経済産業大臣が所管し、法律としては原子炉等規制法及び電気事業法が適用され、両法が二重に適用される部分があります。研究開発段階発電用原子炉に対する安全規制を計画・設計段階、建設段階、運転段階及び廃止段階の4つに分けてみていきます。研究開発段階発電用原子炉の規制は、原子炉等規制法及び電

気事業法の下で原子炉等規制法施行令、「研究開発段階にある発電の用に供する原子炉の設置、運転等に関する規則」（以下「研究開発炉規則」といいます。）や電気事業法施行規則などによって、詳細な規制の内容が規定されています。

研究開発段階発電用原子炉としては、日本原子力研究開発機構の高速増殖原型炉「もんじゅ」と新型転換炉原型炉「ふげん」がありますが、「ふげん」は現在、廃止措置中です。

(ii) **計画・設計段階**

原子炉等規制法第23条第1項により、研究開発段階発電用原子炉を設置しようとする者は、経済産業大臣の許可を受けなければならないとされています。そして、同条第2項により、研究開発段階発電用原子炉の設置の許可を受けようとする者は、原子炉の型式、熱出力及び基数、原子炉及びその附属施設の位置、構造及び設備などを記載した申請書を経済産業大臣に提出しなければならないとされ、その申請書に基づき経済産業大臣の審査が行われることになります。原子炉等規制法第24条に示される許可の基準については、実用発電用原子炉の場合と同じですので説明を省略します。

原子炉の設置の許可を受けた者、すなわち原子炉設置者は、次に基本設計に基づく詳細設計を進めていくことになりますが、この詳細設計については原子炉等規制法の規制と電気事業法による規制の両方が適用されます。すなわち、原子炉等規制法第27条の設計及び工事の方法の認可と電気事業法第47条による工事計画の認可又は電気事業法第48条による工事計画の届出が必要になります。原子炉等規制法第27条の設計及び工事の方法の認可については、同条第3項に認可の基準が示されており、(イ)許可を受けたところに適合することと、(ロ)技術上の基準に適合することの2点になっています。(ロ)の技術上の基準については、「研究開発段階にある発電の用に供する原子炉の設計及び工事の方法の技術基準に関する規則」として示されています。なお、原子炉等規制法に基づく設計及び工事の方法の認可については試験研究用原子炉の該当部分（P.62～P.63）を、電気事業法に基づく工事計画の認可又は届出については実用発電用原子炉の該当部分（P.35）をそれぞれ参照して下さい。

(iii) **建設段階**

原子炉設置者は、許可を受けた基本設計と設計及び工事の方法の認可や工事計画の認可又は届出のあった詳細設計に基づき、建設のための工事に入っていきますが、その段階での規制、すなわち運転を開始するまでに行われる規制は、大きく建設の進捗に伴う検査と運転開始前に必要な諸規定等の整備の2つがあります。これらについて主要なものを取りあげます。

(イ)　検査関係

○［使用前検査］［使用前安全管理検査］使用前検査については、原子炉等規制法第28条第1項に基づく使用前検査が適用されます。また、電気事業法第49条第1項に基づく使用前検査が適用されるとともに、電気事業法第50条の2に基づく使用前安全管理検査が適用されます。

○［燃料体の設計の認可、燃料体検査］電気事業法第51条により、燃料体の設計の認可を受けた上で、燃料体について検査を受けることが義務づけられています。

○［溶接の方法の認可及び検査］［溶接安全管理検査］溶接については、原子炉等規制法第28条の2に基づく溶接の方法の認可及び検査が適用されるとともに、電気事業法第52条の規定に基づく溶接安全管理検査が適用されます。

(ロ)　規定等整備関係

○［保安規定の認可］［保安規程の届出］原子炉等規制法第37条第1項に基づく保安規定の認可が適用されるとともに、電気事業法第42条第1項に基づく保安規程の届出が適用されます。

○［原子炉主任技術者の選任の届出］原子炉等規制法第40条により、原子炉主任技術者を選任することと、その旨の経済産業大臣への届出が義務づけられています。

○［核物質防護規定の認可］原子炉等規制法第43条の2第1項により、特定核燃料物質の防護のための核物質防護規定を定め、経済産業大臣の認可を受けることが義務づけられています。

○［核物質防護管理者の選任の届出］原子炉等規制法第43条の3により、核物質防護管理者を選任することと、その旨の経済産業大臣への届出が義務づけられています。

○ ［国際規制物資の使用の届出］原子炉等規制法第61条の３第４項により、原子炉設置者が国際規制物資を原子炉の設置又は運転の用に供する場合は、あらかじめ、その使用する国際規制物資の種類及び数量並びに予定使用期間を文部科学大臣に届け出なければならないとされ、国際規制物資としての核燃料物質の予定使用量等を文部科学大臣に届け出ることが義務づけられています。

○ ［計量管理規定の認可］原子炉等規制法第61条の８により、計量管理規定を定めて文部科学大臣の認可を受けることが義務づけられています。

(iv) 運転段階

運転段階では原子炉等規制法第30条により、原子炉設置者は、その設置に係る原子炉の運転計画を作成し、経済産業大臣に届け出ることが義務づけられています。運転段階の規制等は、大きく施設の運転に係る各種の検査と原子炉設置者が遵守するべき義務等の２つがあります。これらについて主要なものを取りあげます。

(イ) 検査関係

○ ［施設定期検査］［定期検査］［定期安全管理検査］原子炉等規制法第29条第１項に基づく施設定期検査が適用されます。また、電気事業法第54条第１項に基づく定期検査と電気事業法第55条に基づく定期安全管理検査が適用されます。

○ ［保安検査］原子炉等規制法第37条第５項により、保安規定の遵守の状況について経済産業大臣が行う保安検査を受けることが義務づけられています。研究開発炉規則第37条により、この保安検査は年４回行われるとともに、電気事業法第54条に基づく定期検査の際に行われる①原子炉の起動又は停止に係る操作（運転開始又は運転停止のための原子炉の操作をいう。）と②燃料の取替えに係る操作（炉心からの燃料の取り出し及び装荷のための操作をいう。）に対しては保安検査が実施されることになります。

○ ［核物質防護検査と保障措置検査］原子炉等規制法第43条の２第２項と同法第61条の８の２により、原子炉設置者は、経済産業大臣の行う核物質防護検査と文部科学大臣の行う保障措置検査をそれぞれ受けなければなりません。これらの詳細については第Ⅵ章でみるこ

とにします。
○ [立入検査] 原子炉等規制法第68条に基づく立入検査と電気事業法第107条に基づく立入検査が適用されます。

(ロ) 遵守するべき義務等

○ [保安のために講ずべき措置] 原子炉等規制法第35条第１項により、原子炉設置者は、①原子炉施設の保全、②原子炉の運転、③核燃料物質又は核燃料物質によって汚染された物の運搬、貯蔵又は廃棄について、保安のために必要な措置を講じなければならないとされ、原子炉施設の運転段階において保安のために講ずべき措置が求められています。

講ずべき措置の具体的な内容は、研究開発炉規則に規定されており、次の通りです。

① 品質保証（規則第26条の２から第26条の２の７まで）
保安のために必要な措置を講じるに当たって品質保証計画を定め、これに基づき保安活動の計画、実施、評価及び改善を行う（PDCAサイクルを回す。）ことが規定されており、事業者の保安の活動に品質保証が求められています。

② 作業手順書等の遵守（規則第26条の３）
保安規定の遵守のみならず、保安規定に基づく要領書、作業手順書その他保安に関する文書（作業手順書等）を定め、これらを遵守することが求められています。

③ 原子炉施設の定期的な評価（定期安全レビュー）（規則第26条の４）
10年を超えない期間ごとに、原子炉施設における保安活動の実施の状況を評価することと保安活動への最新の技術的知見の反映状況を評価すること（定期安全レビュー）が求められています。

④ 管理区域への立入制限等（規則第27条）
管理区域、保全区域及び周辺監視区域を定めて、立入制限等の措置を講じることが求められています。

⑤ 線量等に関する措置（規則第28条）
放射線業務従事者の線量が経済産業大臣の定める線量限度を

超えないようにすることなどが求められています。この線量限度等は、「核燃料物質の加工の事業に関する規則等の規定に基づき、線量限度等を定める告示」に示されています。
⑥　原子炉施設の巡視及び点検（規則第29条）
　　毎日1回以上、原子炉施設について巡視及び点検を行うことなどが求められています。
⑦　原子炉施設の保守管理（規則第30条）
　　原子炉の運転中及び運転停止中における原子炉施設の保全のために行う点検、試験、検査、補修、取替え、改造その他の必要な措置に関し、原子炉施設の性能が維持されるよう原子炉施設の保守管理方針を定めることなどが求められています。
⑧　高経年化対策（規則第30条の2、関連して第30条、第36条）
　　原子炉の運転を開始した日以後30年を経過する日までに、経年劣化に関する技術的な評価を行い、その評価の結果に基づき10年間に実施すべき原子炉施設についての保守管理に関する方針、すなわち長期保守管理方針を策定することが求められています。
⑨　初期消火活動のための体制の整備（規則第30条の3）
　　火災が発生した場合における初期消火活動を行うための体制の整備について必要な措置を講じることなどが求められています。
⑩　原子炉の運転（規則第31条）
　　原子炉の運転に必要な知識を有する者に運転を行わせることなどの原子炉の運転に関する措置を講じることが求められています。
⑪　工場又は事業所内の運搬（規則第32条）
　　核燃料物質等を運搬する場合は、容器に封入することなどの工場又は事業所において行われる核燃料物質等の運搬に関する措置が求められています。
⑫　貯蔵（規則第33条）
　　核燃料物質の貯蔵は、いかなる場合においても核燃料物質が臨界に達するおそれがないように行うことなどの核燃料物質の貯蔵に関する措置が求められています。
⑬　工場又は事業所内の廃棄（規則第34条）

工場又は事業所において行われる放射性廃棄物の廃棄に関し必要な措置を採ることが求められています。

以上のように、原子炉等規制法第35条第1項が求めている保安のために講ずべき措置の内容は多岐にわたっていますが、特に近年、上記の①、③及び⑧にある通り、品質保証の確保の取組み、原子炉施設の定期安全レビューや高経年化対策などが求められるようになりました。

○ [特定核燃料物質の防護のために講ずべき措置] 原子炉等規制法第35条第2項により、原子炉設置者は、特定核燃料物質を取り扱う場合で政令で定める場合には、防護措置を講じなければならないとされています。

(v) 廃止段階

廃止段階は原子炉等規制法第43条の3の2第1項により、原子炉設置者は、原子炉を廃止しようとするときは、原子炉施設の解体、その保有する核燃料物質の譲渡し、核燃料物質による汚染の除去、核燃料物質によって汚染された物の廃棄その他の経済産業省令で定める廃止措置を講じることが求められています。また同条第2項により、原子炉設置者は、廃止措置を講じようとするときは、あらかじめ廃止措置計画を定めて経済産業大臣の認可を受けるべきことが規定されています。さらに、廃止の作業を行っているときの保安の確保のために保安規定を変更することになります。このようにして廃止の作業に入りますが、廃止措置対象施設内に核燃料物質が存在する場合は、原子炉等規制法第29条に基づく施設定期検査が行われることになります（研究開発炉規則第19条の2）。また、保安規定の遵守状況の調査、すなわち保安検査についても廃止措置計画の認可を受けたときは、廃止措置の実施状況に応じ、毎年4回以内行われることになります（同規則第37条）。廃止措置に伴って発生する廃棄物に対するクリアランスの制度の詳細については、本章の「5．クリアランス制度」でみることにします。廃止のための作業が進み、終了段階になりますと、原子炉等規制法第43条の3の2第3項により、原子炉設置者は、廃止措置が終了したときは、その結果が経済産業省令で定める基準に適合していることについて、経済産業大臣の確認を受けなければならないとされ、その確認を受けたときは、原子炉等規制法第23

条第1項による原子炉の設置の許可は、その効力を失うことになります。

(研究開発段階発電用原子炉に関する規制等のまとめ)

(注：［原］は原子炉等規制法を指し、［電］は電気事業法を指す。)

事業の段階	規制の内容	該当条文	政令、規則等
(1)定義	［原］原子炉	［原］第2条第4項	原子力基本法第3条第4号、定義政令第3条
	［原］研究開発段階にある原子炉	［原］第23条第1項	原子炉等規制法施行令第12条
(2)計画・設計段階	［原］原子炉の設置許可	［原］第23条	原子炉等規制法施行令第11条、研究開発炉規則第3条
	［原］変更の許可及び届出等	［原］第26条	原子炉等規制法施行令第14条、研究開発炉規則第4条
	［原］設計及び工事の方法の認可	［原］第27条	①研究開発炉規則第5条～第6条の2 ②技術基準については研究開発段階炉設工規則
	［電］技術基準への適合と維持	［電］第39条	技術基準省令第62号
	［電］工事計画の認可	［電］第47条	①電気事業法施行規則第62条～第64条、第67条 ②技術基準については技術基準省令第62号
	［電］工事計画の届出	［電］第48条	①電気事業法施行規則第65条～第67条 ②技術基準については技術基準省令第62号
(3)建設段階	［電］技術基準への適合と維持	［電］第39条	技術基準省令第62号
	［電］技術基準適合命令	［電］第40条	

事業の段階	規制の内容	該当条文	政令、規則等
	［原］使用前検査	［原］第28条	研究開発炉規則第7条～第10条
	［電］使用前検査	［電］第49条	電気事業法施行規則第68条～第73条の2
	［電］使用前自主検査	［電］第50条の2 第1項、第2項	①使用前自主検査と使用前安全管理審査とを合わせて使用前安全管理検査（［電］第50条の2）という。②使用前自主検査については電気事業法施行規則第73条の2の2～第73条の5 ③使用前安全管理審査については電気事業法施行規則第73条の6～第73条の9
	［電］使用前安全管理審査	［電］第50条の2 第3項～第7項	
	［電］燃料体の設計の認可	［電］第51条第2項	電気事業法施行規則第77条
	［電］燃料体検査	［電］第51条第1項	①電気事業法施行規則第74条～第76条の3 ②技術基準については発電用核燃料物質技術基準省令
	［電］輸入燃料体の検査	［電］第51条第3項	①電気事業法施行規則第78条～第78条の4 ②技術基準については発電用核燃料物質技術基準省令
	［原］溶接の方法の認可	［原］第28条の2 第2項	研究開発炉規則第15条
	［原］溶接検査	［原］第28条の2 第1項	①研究開発炉規則第11条～第14条 ②溶接の技術基準については研究開発炉溶接規則

事業の段階	規制の内容	該当条文	政令、規則等
	[電]溶接事業者検査	[電]第52条第1項	①溶接事業者検査と溶接安全管理審査とを合わせて溶接安全管理検査（[電]第52条）という。 ②溶接事業者検査については電気事業法施行規則第79条〜第83条 ③溶接安全管理審査については電気事業法施行規則第83条の2〜第86条
	[電]溶接安全管理審査	[電]第52条第2項〜第5項	
	[原]保安規定の認可	[原]第37条第1項	研究開発炉規則第36条
	[原]原子炉主任技術者の選任の届出	[原]第40条	研究開発炉規則第40条
	[原]核物質防護規定の認可	[原]第43条の2第1項	研究開発炉規則第41条
	[原]核物質防護管理者の選任の届出	[原]第43条の3	研究開発炉規則第42条、第43条
	[原]国際規制物資の使用の届出	[原]第61条の3第4項	国規物規則第1条の3
	[原]計量管理規定の認可	[原]第61条の8	国規物規則第4条の2の2
(4)運転段階	[原]運転計画の届出	[原]第30条	研究開発炉規則第22条
	[電]技術基準への適合と維持	[電]第39条	技術基準省令第62号
	[電]技術基準適合命令	[電]第40条	
	[原]施設定期検査	[原]第29条	原子炉等規制法施行令第16条、研究開発炉規則第18条、第19条〜第21条
	[電]定期検査	[電]第54条	電気事業法施行規則第89条〜第93条の4

事業の段階	規制の内容	該当条文	政令、規則等
	[電]定期事業者検査	[電]第55条第1項、第2項	①定期事業者検査と定期安全管理審査とを合わせて定期安全管理検査（[電]第55条）という。 ②定期事業者検査については電気事業法施行規則第94条～第94条の4 ③健全性評価については電気事業法施行規則第94条の4の2 ④定期安全管理審査については電気事業法施行規則第94条の5～第94条の7
	[電]定期事業者検査における健全性評価	[電]第55条第3項	
	[電]定期安全管理審査	[電]第55条第4項～第6項	
	[原]記録の作成保管	[原]第34条	研究開発炉規則第25条、第26条
	[原]保安のために講ずべき措置	[原]第35条第1項	
	・品質保証	同上	研究開発炉規則第26条の2～第26条の2の7
	・作業手順書等の遵守	同上	研究開発炉規則第26条の3
	・原子炉施設の定期的な評価(定期安全レビュー)	同上	研究開発炉規則第26条の4
	・管理区域への立入制限等	同上	研究開発炉規則第27条
	・線量等に関する措置	同上	①研究開発炉規則第28条 ②加工事業等線量告示
	・原子炉施設の巡視及び点検	同上	研究開発炉規則第29条
	・原子炉施設の保守管理	同上	研究開発炉規則第30条

事業の段階	規制の内容	該当条文	政令、規則等
	・高経年化対策	同上	研究開発炉規則第30条の2、関連して第30条、第36条
	・初期消火活動のための体制の整備	同上	研究開発炉規則第30条の3
	・原子炉の運転	同上	研究開発炉規則第31条
	・工場又は事業所内の運搬	同上	研究開発炉規則第32条
	・貯蔵	同上	研究開発炉規則第33条
	・工場又は事業所内の廃棄	同上	研究開発炉規則第34条
	[原]特定核燃料物質の防護のために講ずべき措置	[原]第35条第2項	原子炉等規制法施行令第18条、研究開発炉規則第35条
	[原]保安検査	[原]第37条第5項	研究開発炉規則第37条
	[原]核物質防護検査	[原]第43条の2第2項	研究開発炉規則第41条の2
	[原]保障措置検査	[原]第61条の8の2	国物規則第4条の2の3、第4条の2の6
	[原]事業所外廃棄に関する確認等	[原]第58条	原子炉等規制法施行令第46条、外廃棄規則第3条～第5条、外廃棄措置告示
	[原]主務大臣等への報告	[原]第62条の3	研究開発炉規則第43条の14
	[原]警察官等への届出	[原]第63条	
	[原]危険時の措置	[原]第64条	研究開発炉規則第44条
	[原]主務大臣等に対する申告	[原]第66条の2	
	[原]報告徴収	[原]第67条	研究開発炉規則第48条

事業の段階	規制の内容	該当条文	政令、規則等
	［電］報告の徴収	［電］第106条	
	［原］立入検査	［原］第68条	
	［電］立入検査	［電］第107条	
	［電］原子力安全委員会への報告	［電］第107条の3	電気事業法施行規則第133条の2
	［原］許可の取消し等	［原］第33条	
(5)廃止段階	［原］廃止措置計画の認可等	［原］第43条の3の2	研究開発炉規則第43条の2〜第43条の6
	［原］保安規定の変更認可	［原］第37条第1項	研究開発炉規則第36条第3項
	［原］施設定期検査	［原］第29条	研究開発炉規則第19条の2
	［原］保安検査	［原］第37条第5項	研究開発炉規則第37条
	［原］クリアランス制度	［原］第61条の2	放射能濃度確認規則
	［原］クリアランスの確認について主務大臣から環境大臣に連絡	［原］第72条の2の2	
	［原］廃止措置の終了に対する確認	［原］第43条の3の2第3項	研究開発炉規則第43条の7、第43条の8

（原子炉等規制法施行令＝核原料物質、核燃料物質及び原子炉の規制に関する法律施行令、定義政令＝核燃料物質、核原料物質、原子炉及び放射線の定義に関する政令、研究開発炉規則＝研究開発段階にある発電の用に供する原子炉の設置、運転等に関する規則、研究開発段階炉設工規則＝研究開発段階にある発電の用に供する原子炉の設計及び工事の方法の技術基準に関する規則、研究開発炉溶接規則＝研究開発段階にある発電の用に供する原子炉の溶接の技術基準に関する規則、技術基準省令第62号＝発電用原子力設備に関する技術基準を定める省令、発電用核燃料物質技術基準省令＝発電用核燃料物質に関する技術基準を定める省令、国規物規則＝国際規制物資の使用等に関する規則、外廃棄規則＝核燃料物質等の工場又は事業所の外における廃棄に関する規則、放射能濃度確認規則＝核原料物質、核燃料物質及び原子炉の規制に関する法律第61条の2第4項に規定する製錬事業者等における工場等において用いた資材その他の物に含まれる放射性物質の放射能濃度についての確認等に関する規則、加工事業等線量告示＝核燃料物質の加工の事業に関する規則等の規定に基づき、線量限度等を定める告示、外廃棄措置告示＝核燃料物質等の工場又は事業所の外における廃棄に関する措置等に係る技術的細目）

3 核燃料サイクル関係事業の安全規制

核燃料サイクル関係の事業については、原子炉等規制法において、その事業の種別毎に規制のあり方が規定されています。それぞれの事業に対する安全規制を基本的に計画・設計段階、建設段階、運転段階及び廃止段階の4つに分けてみていきます。

(1) 製錬の事業の安全規制

原子炉等規制法第2条第6項において「製錬」とは、「核原料物質又は核燃料物質に含まれるウラン又はトリウムの比率を高めるために、核原料物質又は核燃料物質を化学的方法により処理することをいう。」と定義されています。製錬の事業の規制は、原子炉等規制法の下で原子炉等規制法施行令や「核原料物質又は核燃料物質の製錬の事業に関する規則」(以下「製錬規則」といいます。)によって、詳細な規制の内容が規定されています。

(i) 計画・設計段階

同法第3条第1項により、「製錬の事業を行おうとする者は、政令で定めるところにより、経済産業大臣の指定を受けなければならない。」とされ、製錬の事業を行うには国の指定が必要とされています。製錬の事業は、国全体の原子力事業の観点から特に考慮を必要とするために指定となっていますが、実体的な手続きとしては許可と同じです。同条第2項により、製錬の事業の指定を受けようとする者は、製錬施設の位置、構造及び設備並びに製錬の方法などを記載した申請書を経済産業大臣に提出しなければならないとされ、その申請書に基づき経済産業大臣の審査が行われることになります。同法第4条第1項は指定の基準を示しており、(イ)その指定をすることによって原子力の開発及び利用の計画的な遂行に支障を及ぼすおそれがないこと、(ロ)その事業を適確に遂行するに足りる技術的能力及び経理的基礎があること、(ハ)製錬施設の位置、構造及び設備が核原料物質又は核燃料物質による災害の防止上支障がないものであることの3点になっています。製錬の段階では、直ちに平和の目的以外に利用されることは考えられませんので、この基準には平和利用

確保は入っていません。同条第2項では、経済産業大臣は指定をする場合においては、あらかじめ(イ)の計画的遂行と(ロ)の中の経理的基礎については原子力委員会の意見を聴き、(ロ)の中の技術的能力と(ハ)の安全性については原子力安全委員会の意見を聴くことが求められています。

(ⅱ) 事業開始の準備段階

製錬事業者は、許可を得た後に必要な諸規定等の整備を進めるなどの事業開始に向けての準備に入ります。

- ○［保安規定の認可］同法第12条第1項により、製錬事業者は、保安規定を定め、事業開始前に、経済産業大臣の認可を受けなければならないとされ、製錬施設の安全な運転を行うために保安規定を定めて、経済産業大臣の認可を受けることが義務づけられています。

- ○［核物質防護規定の認可］同法第12条の2第1項により、製錬事業者は、特定核燃料物質の防護のための核物質防護規定を定め、特定核燃料物質の取扱いを開始する前に経済産業大臣の認可を受けることが義務づけられています。

- ○［核物質防護管理者の選任の届出］同法第12条の3により、製錬事業者は、特定核燃料物質の防護に関する業務を統一的に管理させるため、特定核燃料物質の取扱い等の知識等について経済産業省令で定める要件を備える者のうちから、核物質防護管理者を選任すること、また核物質防護管理者を選任したときは、その旨を経済産業大臣に届け出ることが義務づけられています。

- ○［国際規制物資の使用の届出］同法第61条の3第4項により、製錬事業者が国際規制物資を製錬の事業の用に供する場合は、あらかじめ、その使用する国際規制物資の種類及び数量並びに予定使用期間を文部科学大臣に届け出なければならないとされています。

(ⅲ) 運転段階

運転段階では同法第7条により、製錬事業者は事業を開始したときは経済産業大臣に事業開始を届け出ることが義務づけられています。

- ○［保安検査］同法第12条第5項により、製錬事業者は、保安規定の遵守の状況について、経済産業大臣が定期に行う検査を受けなければならないとされ、保安規定の遵守の状況について経済産業大臣が行う保安検査を受けることが義務づけられています。製錬規則第7

条の2により、この保安検査は年4回行われることになっています。
- ［特定核燃料物質の防護のために講ずべき措置］同法第11条の2により、製錬事業者は特定核燃料物質を取り扱う場合で政令で定める場合には、防護措置を講じなければならないとされています。
- ［核物質防護検査］同法第12条の2第5項により、製錬事業者は、経済産業大臣の行う核物質防護検査を受けなければなりません。この詳細については第Ⅵ章でみることにします。
- ［立入検査］同法第68条により、経済産業大臣は、この法律の施行に必要な限度において、その職員に、原子力事業者等の事務所又は工場若しくは事業所に立ち入り、帳簿、書類その他必要な物件を検査させ、関係者に質問させ、又は試験のため必要な最小限度の量に限り、核原料物質、核燃料物質その他の必要な試料を収去させることができるとされ、経済産業省の職員が必要な限度内で立入検査ができることとなっています。

(ⅳ) 廃止段階

　廃止段階は同法第12条の6第1項により、製錬事業者は、その事業を廃止しようとするときは、製錬施設の解体、その保有する核燃料物質の譲渡し、核燃料物質による汚染の除去、核燃料物質によって汚染された物の廃棄その他の経済産業省令で定める廃止措置を講じることが求められています。また同条第2項により、製錬事業者は、廃止措置を講じようとするときは、あらかじめ廃止措置計画を定めて経済産業大臣の認可を受けるべきことが規定されています。さらに廃止の作業を行っているときの保安の確保のために、保安規定を変更することになります。このようにして廃止の作業に入りますが、保安規定の遵守状況の調査、すなわち保安検査についても、廃止措置計画の認可を受けたときは、毎年4回以内行われることになります（製錬規則第7条の2）。廃止のための作業が進み、終了段階になりますと、同法第12条の6第8項及び第9項により、製錬事業者は、廃止措置が終了したときは、その結果が経済産業省令で定める基準に適合していることについて、経済産業大臣の確認を受けなければならないとされ、その確認を受けたときは、同法第3条第1項による製錬の事業の指定は、その効力を失うことになります。

（製錬の事業に関する規制等のまとめ）

（注：[原]は原子炉等規制法を指す。）

事業の段階	規制の内容	該当条文	政令、規則等
(1)定義	製錬	[原]第2条第6項	
(2)計画・設計段階	製錬の事業の指定	[原]第3条	原子炉等規制法施行令第3条、製錬規則第1条の2
	指定の基準	[原]第4条第1項	
	変更の許可及び届出	[原]第6条	原子炉等規制法施行令第4条、製錬規則第2条
(3)事業開始の準備段階	保安規定の認可	[原]第12条第1項	製錬規則第7条
	核物質防護規定の認可	[原]第12条の2第1項	製錬規則第7条の3
	核物質防護管理者の選任の届出	[原]第12条の3	製錬規則第7条の4、第7条の5
	国際規制物資の使用の届出	[原]第61条の3第4項	国規物規則第1条の3
(4)運転段階	事業開始の届出	[原]第7条	
	記録の作成保管	[原]第11条	製錬規則第6条
	特定核燃料物質の防護のために講ずべき措置	[原]第11条の2	原子炉等規制法施行令第5条、製錬規則第6条の2
	保安検査	[原]第12条第5項	製錬規則第7条の2
	核物質防護検査	[原]第12条の2第5項	製錬規則第7条の3の2
	事業所外廃棄に関する確認等	[原]第58条	原子炉等規制法施行令第46条、外廃棄規則第3条〜第5条、外廃棄措置告示

87

事業の段階	規制の内容	該当条文	政令、規則等
	主務大臣等への報告	[原]第62条の3	製錬規則第7条の7
	警察官等への届出	[原]第63条	
	危険時の措置	[原]第64条	製錬規則第8条
	主務大臣等に対する申告	[原]第66条の2	
	報告徴収	[原]第67条	製錬規則第12条
	立入検査	[原]第68条	
	指定の取消し等	[原]第10条	
(5)廃止段階	廃止措置計画の認可等	[原]第12条の6 第1項〜第7項	製錬規則第7条の5の2〜第7条の5の6
	保安規定の変更認可	[原]第12条第1項	製錬規則第7条第3項
	保安検査	[原]第12条第5項	製錬規則第7条の2
	クリアランス制度	[原]第61条の2	放射能濃度確認規則
	クリアランスの確認について主務大臣から環境大臣に連絡	[原]第72条の2の2	
	廃止措置の終了に対する確認	[原]第12条の6 第8項、第9項	製錬規則第7条の5の7、第7条の5の8

(原子炉等規制法施行令＝核原料物質、核燃料物質及び原子炉の規制に関する法律施行令、製錬規則＝核原料物質又は核燃料物質の製錬の事業に関する規則、国規物規則＝国際規制物資の使用等に関する規則、外廃棄規則＝核燃料物質等の工場又は事業所の外における廃棄に関する規則、放射能濃度確認規則＝核原料物質、核燃料物質及び原子炉の規制に関する法律第61条の2第4項に規定する製錬事業者等における工場等において用いた資材その他の物に含まれる放射性物質の放射能濃度についての確認等に関する規則、外廃棄措置告示＝核燃料物質等の工場又は事業所の外における廃棄に関する措置等に係る技術的細目)

(2) 核燃料の加工の事業の安全規制

原子炉等規制法第2条第7項において「加工」とは、「核燃料物質を

原子炉に燃料として使用できる形状又は組成とするために、これを物理的又は化学的方法により処理することをいう。」と定義されており、核燃料物質を用いて原子炉に用いる核燃料を製造することをいいます。加工の事業の規制は、原子炉等規制法の下で原子炉等規制法施行令や「核燃料物質の加工の事業に関する規則」(以下「加工規則」といいます。)によって、詳細な規制の内容が規定されます。

核燃料サイクルの中で加工の工程をみますと、①製錬により得られた天然ウランの酸化ウランを六ふっ化ウランに転換する「転換工程」、②天然ウランの六ふっ化ウランを濃縮ウランの六ふっ化ウランに濃縮する「濃縮工程」、③濃縮ウランの六ふっ化ウランを再度、酸化ウランに転換する「再転換工程」、④濃縮ウランの酸化ウランから実際に原子炉で用いる核燃料集合体を作る「成型加工工程」の４段階からなります。このうち我が国にあるのは、②のウラン濃縮工場(日本原燃(株)の青森県六ケ所村にあるウラン濃縮工場)、③の再転換工場(三菱原子燃料(株))、そして④の成型加工工場((株)グローバル・ニュークリア・フュエル・ジャパン、原子燃料工業(株)と三菱原子燃料(株))です。

(i) **計画・設計段階**

同法第13条第１項により、「加工の事業を行なおうとする者は、政令で定めるところにより、経済産業大臣の許可を受けなければならない。」とされ、加工の事業を行うには国の許可が必要とされています。そして同条第２項により、加工の事業の許可を受けようとする者は、加工施設の位置、構造及び設備並びに加工の方法などを記載した申請書を経済産業大臣に提出しなければならないとされ、その申請書に基づき経済産業大臣の審査が行われることになります。同法第14条第１項は許可の基準を示しており、(イ)その許可をすることによって加工の能力が著しく過大にならないこと、(ロ)その事業を適確に遂行するに足りる技術的能力及び経理的基礎があること、(ハ)加工施設の位置、構造及び設備が核燃料物質による災害の防止上支障がないものであることの３点になっています。加工の事業の許可の基準には平和利用確保が入っていませんが、その定義にもある通り、加工は原子炉に燃料として使用する核燃料を製造することですので、原子炉の利用が平和利用であることが確保できれば、加工の段階で平和利用確保を確認する必要がないという考え方になってい

ます。同条第2項では、経済産業大臣は許可をする場合においては、あらかじめ(イ)の加工の能力の計画性と(ロ)の中の経理的基礎については、原子力委員会の意見を聴き、(ロ)の中の技術的能力と(ハ)の安全性については、原子力安全委員会の意見を聴くことが求められています。(ハ)の安全性の確認については、事業者は事業許可申請書の中に加工施設の安全性に関する基本設計を含めて提出し、国はこの基本設計に対して安全審査を行うことになります。

　事業の許可を受けた者、すなわち加工事業者は、次に基本設計に基づく詳細設計を進めていくことになりますが、この詳細設計については国の認可が必要です。同法第16条の2第1項により、加工事業者は、加工施設の工事に着手する前に、加工施設に関する設計及び工事の方法について経済産業大臣の認可を受けなければならないとされ、建設の工事に入る前に設計及び工事の方法について国の認可を受けるべきことが規定されています。国は、この詳細設計に対して審査を行った上で認可をすることになります。設計及び工事の方法の認可の基準は同条第3項に示されており、(イ)許可を受けた基本設計に基づいていることと、(ロ)経済産業省令で定める技術上の基準に適合することの2点になっています。(ロ)の技術上の基準は、「加工施設の設計及び工事の方法の技術基準に関する規則」として示されています。

(ii) 建設段階

　加工事業者は、許可を受けた基本設計と設計及び工事の方法の認可を受けた詳細設計に基づき、建設のための工事に入っていきますが、その段階での規制、すなわち運転を開始するまでに行われる規制は、大きく建設の進捗に伴う検査と運転開始前に必要な諸規定等の整備の2つがあります。これらについて主要なものを取りあげます。

　(イ)　検査関係

　　○［使用前検査］同法第16条の3第1項により、加工事業者は、加工施設の工事及び性能について経済産業大臣の検査を受け、これに合格した後でなければ、加工施設を使用してはならないとされ、加工施設の使用前に経済産業大臣の使用前検査に合格することが義務づけられています。

　　○［溶接検査］同法第16条の4第1項により、六ふっ化ウランの加熱

容器その他の経済産業省令で定める加工施設であって溶接をするものについては、その溶接につき経済産業大臣の検査を受け、これに合格した後でなければ、加工事業者は、これを使用してはならないとされ、溶接をする施設で省令で定めるものについては、施設の使用前に経済産業大臣の溶接検査に合格することが義務づけられています。溶接の技術基準については、「加工施設、再処理施設、特定廃棄物埋設施設及び特定廃棄物管理施設の溶接の技術基準に関する規則」に示されています。

○［溶接の方法の認可］同法第16条の４第２項により、溶接検査を受けようとする者は、その溶接の方法について経済産業大臣の認可を受けなければならないとされ、溶接の方法について経済産業大臣の認可を受けた上で溶接検査を受けることが義務づけられています。

㈹　規定等整備関係

○［保安規定の認可］同法第22条第１項により、加工事業者は、保安規定を定め、事業開始前に、経済産業大臣の認可を受けなければならないとされ、加工施設の安全な運転を行うために保安規定を定めて、経済産業大臣の認可を受けることが義務づけられています。

○［核燃料取扱主任者の選任の届出］同法第22条の２により、加工事業者は、核燃料物質の取扱いに関して保安の監督を行わせるため、核燃料取扱主任者免状を有する者のうちから、核燃料取扱主任者を選任すること、また核燃料取扱主任者を選任したときは、その旨を経済産業大臣に届け出ることが義務づけられています。

○［核物質防護規定の認可］同法第22条の６第１項により、加工事業者は、特定核燃料物質の防護のための核物質防護規定を定め、特定核燃料物質の取扱いを開始する前に、経済産業大臣の認可を受けることが義務づけられています。

○［核物質防護管理者の選任の届出］同法第22条の７により、加工事業者は、特定核燃料物質の防護に関する業務を統一的に管理させるため、特定核燃料物質の取扱い等の知識等について経済産業省令で定める要件を備える者のうちから、核物質防護管理者を選任すること、また核物質防護管理者を選任したときは、その旨を経済産業大臣に届け出ることが義務づけられています。

○［国際規制物資の使用の届出］同法第61条の3第4項により、加工事業者が国際規制物資を加工の事業の用に供する場合は、あらかじめ、その使用する国際規制物資の種類及び数量並びに予定使用期間を文部科学大臣に届け出なければならないとされ、国際規制物資としての核燃料物質の予定使用量等を文部科学大臣に届け出ることが義務づけられています。

○［計量管理規定の認可］同法第61条の8第1項により、国際規制物資使用者等は、国際規制物資の適正な計量及び管理を確保するため、計量管理規定を定め、国際規制物資の使用開始前に、文部科学大臣の認可を受けなければならないとされ、加工事業者は国際規制物資使用者等に該当するので、この計量管理規定を定めて文部科学大臣の認可を受けることが義務づけられています。

(iii) **運転段階**

運転段階では同法第17条により、加工事業者が事業を開始したときは、経済産業大臣に事業開始を届け出ることが義務づけられています。運転段階の規制等は、大きく施設の運転に係る各種の検査と加工事業者が遵守するべき義務等の2つがあります。これらについて主要なものを取りあげます。

(イ) 検査関係

○［施設定期検査］同法第16条の5第1項により、加工事業者は、加工施設のうち、政令で定めるものの性能について、経済産業大臣が毎年一回定期に行う検査を受けなければならないとされ、経済産業大臣による毎年1回の施設定期検査を受けることが義務づけられています。

○［保安検査］同法第22条第5項により、加工事業者は、保安規定の遵守の状況について、経済産業大臣が定期に行う検査を受けなければならないとされ、保安規定の遵守の状況について、経済産業大臣が行う保安検査を受けることが義務づけられています。加工規則第8条の2により、この保安検査は年4回行われることになっています。この保安検査は、ジェー・シー・オー（JCO）核燃料加工施設の臨界事故後に法定化されました。

○［核物質防護検査と保障措置検査］同法第22条の6第2項と同法第

61条の8の2により、加工事業者は、経済産業大臣の行う核物質防護検査と文部科学大臣の行う保障措置検査をそれぞれ受けなければなりません。これらの詳細については第Ⅵ章でみることにします。
○　［立入検査］同法第68条により、経済産業大臣は、この法律の施行に必要な限度において、その職員に、原子力事業者等の事務所又は工場若しくは事業所に立ち入り、帳簿、書類その他必要な物件を検査させ、関係者に質問させ、又は試験のため必要な最小限度の量に限り、核原料物質、核燃料物質その他の必要な試料を収去させることができるとされ、経済産業省の職員が必要な限度内で立入検査ができることになっています。
㈩　遵守するべき義務等
○　［保安のために講ずべき措置］同法第21条の2第1項により、加工事業者は、①加工施設の保全、②加工設備の操作、③核燃料物質又は核燃料物質によって汚染された物の運搬、貯蔵又は廃棄について、保安のために必要な措置を講じなければならないとされ、加工施設の運転段階において保安のために講ずべき措置が求められています。
　　講ずべき措置の具体的な内容は、加工規則に規定されており、次の通りです。
　　①　品質保証（規則第7条の2の2から第7条の2の8まで）
　　　　保安のために必要な措置を講じるに当たって品質保証計画を定め、これに基づき保安活動の計画、実施、評価及び改善を行う（PDCAサイクルを回す。）ことが規定されており、事業者の保安の活動に品質保証が求められています。
　　②　作業手順書等の遵守（規則第7条の2の8の2）
　　　　保安規定の遵守のみならず、保安規定に基づく要領書、作業手順書その他保安に関する文書（作業手順書等）を定めて、これらを遵守することが求められています。
　　③　管理区域への立入制限等（規則第7条の2の9）
　　　　管理区域及び周辺監視区域を定めて、立入制限等の措置を講じることが求められています。
　　④　線量等に関する措置（規則第7条の3）
　　　　放射線業務従事者の線量が経済産業大臣の定める線量限度を

超えないようにすることなどが求められています。この線量限度等は、「核燃料物質の加工の事業に関する規則等の規定に基づき、線量限度等を定める告示」に示されています。
⑤ 加工施設の巡視及び点検（規則第7条の4）
　毎日1回以上、加工施設について巡視及び点検を行うことなどが求められています。
⑥ 加工施設の施設定期自主検査（規則第7条の4の2）
　加工事業者自身が、加工施設の性能が技術上の基準に適合しているかどうかについての検査を1年ごとに行うことなどが求められています。
⑦ 初期消火活動のための体制の整備（規則第7条の4の3）
　火災が発生した場合における初期消火活動のための体制の整備について必要な措置を講じることなどが求められています。
⑧ 加工設備の操作（規則第7条の5）
　核燃料物質の加工は、いかなる場合においても核燃料物質が臨界に達するおそれがないように行うことなどの加工設備の操作に関する措置が求められています。
⑨ 工場又は事業所内の運搬（規則第7条の6）
　核燃料物質等を運搬する場合は、容器に封入することなどの工場又は事業所内の核燃料物質等の運搬に関する措置が求められています。
⑩ 貯蔵（規則第7条の7）
　核燃料物質の貯蔵は、いかなる場合においても核燃料物質が臨界に達するおそれがないように行うことなどの核燃料物質の貯蔵に関する措置が求められています。
⑪ 工場又は事業所内の廃棄（規則第7条の8）
　工場又は事業所内において行われる放射性廃棄物の廃棄に関して必要な措置を採ることが求められています。
⑫ 加工施設の定期的な評価（定期安全レビュー、高経年化評価）（規則第7条の8の2）
　加工事業者に対して、①10年を超えない期間ごとに、保安活動の実施の状況の評価を行うことと保安活動への最新の技術的

知見の反映状況を評価すること（定期安全レビュー）、②事業を開始した日以降20年を経過する日までに、経年変化に関する技術的な評価とそれに基づく保全のために実施すべき措置に関する10年間の計画の策定を行い、その後10年を超えない期間ごとに、これらの再評価を行うこと（高経年化評価）の2つを内容とする定期的な評価を行うことが求められています。

　以上のように、同法第21条の2第1項が求めている保安のために講ずべき措置の内容は多岐にわたっていますが、特に近年、上記の①、⑥及び⑫にある通り、品質保証の確保の取組みや施設定期自主検査、さらには10年ごとの定期安全レビューや運転開始から20年を経過するときまでに行う高経年化評価などが求められるようになりました。

○［特定核燃料物質の防護のために講ずべき措置］同法第21条の2第2項により、加工事業者は、特定核燃料物質を取り扱う場合で政令で定める場合には、防護措置を講じなければならないとされています。

(iv) 廃止段階

　廃止段階は同法第22条の8第1項により、加工事業者は、その事業を廃止しようとするときは、加工施設の解体、その保有する核燃料物質の譲渡し、核燃料物質による汚染の除去、核燃料物質によって汚染された物の廃棄その他の経済産業省令で定める廃止措置を講じることが求められています。また同条第2項により、加工事業者は、廃止措置を講じようとするときは、あらかじめ廃止措置計画を定めて経済産業大臣の認可を受けるべきことが規定されています。さらに廃止の作業を行っているときの保安の確保のために、保安規定を変更することになります。このようにして廃止の作業に入りますが、廃止措置対象施設内に核燃料物質が存在する場合は、施設定期検査は行われることになります（加工規則第3条の16の2）。また、保安規定の遵守状況の調査、すなわち保安検査についても廃止措置計画の認可を受けたときは、廃止措置の実施状況に応じ、毎年4回以内行われることになります（同規則第8条の2）。廃止のための作業が進み、終了段階になりますと、同法第22条の8第3項により、加工事業者は、廃止措置が終了したときは、その結果が経済

産業省令で定める基準に適合していることについて、経済産業大臣の確認を受けなければならないとされ、その確認を受けたときは、同法第13条第1項による加工の事業の許可は、その効力を失うことになります。

(加工の事業に関する規制等のまとめ)

(注：[原]は原子炉等規制法を指す。)

事業の段階	規制の内容	該当条文	政令、規則等
(1)定義	加工	[原]第2条第7項	
(2)計画・設計段階	加工の事業の許可	[原]第13条	原子炉等規制法施行令第6条、加工規則第2条
	許可の基準	[原]第14条	
	変更の許可及び届出	[原]第16条	原子炉等規制法施行令第7条、加工規則第3条
	設計及び工事の方法の認可	[原]第16条の2	①加工規則第3条の2～第3条の4 ②技術基準については加工施設工規則
(3)建設段階	使用前検査	[原]第16条の3	加工規則第3条の5～第3条の7
	溶接の方法の認可	[原]第16条の4第2項	加工規則第3条の12
	溶接検査	[原]第16条の4第1項、第3項～第5項	①加工規則第3条の8～第3条の11、第3条の13、第3条の14 ②溶接の技術基準については加工施設等溶接規則
	保安規定の認可	[原]第22条第1項	加工規則第8条
	核燃料取扱主任者の選任の届出	[原]第22条の2	加工規則第8条の4～第8条の17
	核物質防護規定の認可	[原]第22条の6	加工規則第9条

事業の段階	規制の内容	該当条文	政令、規則等
		第1項	
	核物質防護管理者の選任の届出	[原]第22条の7	加工規則第9条の2、第9条の3
	国際規制物資の使用の届出	[原]第61条の3第4項	国規物規則第1条の3
	計量管理規定の認可	[原]第61条の8	国規物規則第4条の2の2
(4)運転段階	事業開始の届出	[原]第17条	
	施設定期検査	[原]第16条の5	原子炉等規制法施行令第8条、加工規則第3条の15、第3条の16、第3条の16の2の2〜第3条の18
	記録の作成保管	[原]第21条	加工規則第7条、第7条の2
	保安のために講ずべき措置	[原]第21条の2第1項	
	・品質保証	同上	加工規則第7条の2の2〜第7条の2の8
	・作業手順書等の遵守	同上	加工規則第7条の2の8の2
	・管理区域への立入制限等	同上	加工規則第7条の2の9
	・線量等に関する措置	同上	①加工規則第7条の3 ②加工事業等線量限度告示
	・加工施設の巡視及び点検	同上	加工規則第7条の4
	・加工施設の施設定期自主検査	同上	加工規則第7条の4の2
	・初期消火活動のための体制の整備	同上	加工規則第7条の4の3

事業の段階	規制の内容	該当条文	政令、規則等
	・加工設備の操作	同上	加工規則第7条の5
	・工場又は事業所内の運搬	同上	加工規則第7条の6
	・貯蔵	同上	加工規則第7条の7
	・工場又は事業所内の廃棄	同上	加工規則第7条の8
	・加工施設の定期的な評価（定期安全レビュー、高経年化評価）	同上	加工規則第7条の8の2
	特定核燃料物質の防護のために講ずべき措置	［原］第21条の2第2項	原子炉等規制法施行令第9条、加工規則第7条の9
	保安検査	［原］第22条第5項	加工規則第8条の2
	核物質防護検査	［原］第22条の6第2項	加工規則第9条の2
	保障措置検査	［原］第61条の8の2	国規物規則第4条の2の3～第4条の2の5
	事業所外廃棄に関する確認等	［原］第58条	原子炉等規制法施行令第46条、外廃棄規則第3条～第5条、外廃棄措置告示
	主務大臣等への報告	［原］第62条の3	加工規則第9条の16
	警察官等への届出	［原］第63条	
	危険時の措置	［原］第64条	加工規則第9条の17
	主務大臣等に対する申告	［原］第66条の2	
	報告徴収	［原］第67条	加工規則第10条
	立入検査	［原］第68条	
	許可の取消し等	［原］第20条	

事業の段階	規制の内容	該当条文	政令、規則等
(5)廃止段階	廃止措置計画の認可等	［原］第22条の8	加工規則第9条の4～第9条の8
	保安規定の変更認可	［原］第22条第1項	加工規則第8条第2項
	施設定期検査	［原］第16条の5	加工規則第3条の16の2
	保安検査	［原］第22条第5項	加工規則第8条の2
	クリアランス制度	［原］第61条の2	放射能濃度確認規則
	クリアランスの確認について主務大臣から環境大臣に連絡	［原］第72条の2の2	
	廃止措置の終了に対する確認	［原］第22条の8第3項	加工規則第9条の9、第9条の10

（原子炉等規制法施行令＝核原料物質、核燃料物質及び原子炉の規制に関する法律施行令、加工規則＝核燃料物質の加工の事業に関する規則、加工施設工事規則＝加工施設の設計及び工事の方法の技術基準に関する規則、加工施設等溶接規則＝加工施設、再処理施設、特定廃棄物埋設施設及び特定廃棄物管理施設の溶接の技術基準に関する規則、国規物規則＝国際規制物資の使用等に関する規則、外廃棄規則＝核燃料物質等の工場又は事業所の外における廃棄に関する規則、放射能濃度確認規則＝核原料物質、核燃料物質及び原子炉の規制に関する法律第61条の2第4項に規定する製錬事業者等における工場等において用いた資材その他の物に含まれる放射性物質の放射能濃度についての確認等に関する規則、加工事業等線量限度告示＝核燃料物質の加工の事業に関する規則等の規定に基づき、線量限度等を定める告示、外廃棄措置告示＝核燃料物質等の工場又は事業所の外における廃棄に関する措置等に係る技術的細目）

(3) 使用済燃料の貯蔵の事業の安全規制

　原子炉等規制法第43条の4の規定により、使用済燃料を原子炉設置者が原子炉施設において貯蔵すること、再処理事業者が再処理施設において貯蔵すること及び核燃料物質の使用者が使用施設の貯蔵施設において貯蔵することを除き、使用済燃料を、その貯蔵能力が政令で定める貯蔵能力（原子炉等規制法施行令第21条で、この貯蔵能力は、「ウラン及び

プルトニウムの照射される前の量の合計が１トンである使用済燃料を貯蔵することができること」と定められています。）以上である使用済燃料貯蔵設備において貯蔵する事業を行おうとする者は、経済産業大臣の許可を受けることが必要であるとされています。すなわち、使用済燃料の貯蔵を原子炉施設、再処理施設や核燃料物質の使用における使用施設ではないところで専門に行おうとする場合には、使用済燃料の貯蔵の許可を受けて行うことになります。使用済燃料の貯蔵の事業の規制は、原子炉等規制法の下で原子炉等規制法施行令や「使用済燃料の貯蔵の事業に関する規則」（以下「貯蔵規則」といいます。）によって、詳細な規制の内容が規定されています。

　使用済燃料の貯蔵の事業については、リサイクル燃料貯蔵㈱が経済産業大臣から事業の許可を得て、青森県むつ市にリサイクル燃料備蓄センターの建設を進めています。

(i) 計画・設計段階

　上述の通り、同法第43条の４第１項により、使用済燃料の貯蔵の事業を行おうとする者は、経済産業大臣の許可を受けなければならないとされ、貯蔵の事業を行うには経済産業大臣の許可が必要とされています。そして同条第２項により、貯蔵の事業の許可を受けようとする者は、使用済燃料貯蔵施設の位置、構造及び設備並びに貯蔵の方法などを記載した申請書を経済産業大臣に提出しなければならないとされ、その申請書に基づき経済産業大臣の審査が行われることになります。同法第43条の５第１項は許可の基準を示しており、(イ)使用済燃料貯蔵施設が平和の目的以外に利用されるおそれがないこと、(ロ)その許可をすることによって原子力の開発及び利用の計画的な遂行に支障を及ぼすおそれがないこと、(ハ)その事業を適確に遂行するに足りる技術的能力及び経理的基礎があること、(ニ)使用済燃料貯蔵施設の位置、構造及び設備が使用済燃料又は使用済燃料によって汚染された物による災害の防止上支障がないものであることの４点になっています。同条第２項では、経済産業大臣は許可をする場合においては、あらかじめ(イ)の平和利用、(ロ)の計画的遂行と(ハ)の中の経理的基礎については原子力委員会の意見を聴き、(ハ)の中の技術的能力と(ニ)の安全性については原子力安全委員会の意見を聴くことが求められています。(ニ)の安全性の確認については、事業者は事業許可申

請書の中に使用済燃料貯蔵施設の安全性に関する基本設計を含めて提出し、国はこの基本設計に対して安全審査を行うことになります。

　事業の許可を受けた者、すなわち使用済燃料貯蔵事業者は、次に基本設計に基づく詳細設計を進めていくことになりますが、この詳細設計については国の認可が必要です。同法第43条の8第1項により、使用済燃料貯蔵事業者は、使用済燃料貯蔵施設の工事に着手する前に、使用済燃料貯蔵施設に関する設計及び工事の方法について経済産業大臣の認可を受けなければならないとされ、建設の工事に入る前に設計及び工事の方法について国の認可を受けるべきことが規定されています。国はこの詳細設計に対して審査を行った上で認可をすることになります。設計及び工事の方法の認可の基準は同条第3項に示されており、(イ)許可を受けた基本設計に基づいていること、(ロ)経済産業省令で定める技術上の基準に適合することの2点になっています。(ロ)の技術上の基準は、「使用済燃料貯蔵施設の設計及び工事の方法の技術基準に関する省令」として示されています。

(ⅱ) 建設段階

　使用済燃料貯蔵事業者は、許可を受けた基本設計と設計及び工事の方法の認可を受けた詳細設計に基づき、建設のための工事に入っていきますが、その段階での規制、すなわち運転を開始するまでに行われる規制は、大きく建設の進捗に伴う検査と運転開始前に必要な諸規定等の整備の2つがあります。これらについて主要なものを取りあげます。

　(イ)　検査関係

　　○［使用前検査］同法第43条の9第1項により、使用済燃料貯蔵事業者は、使用済燃料貯蔵施設の工事及び性能について経済産業大臣の検査を受け、これに合格した後でなければ、使用済燃料貯蔵施設を使用してはならないとされ、使用済燃料貯蔵施設の使用前に経済産業大臣の使用前検査に合格することが義務づけられています。

　　○［溶接検査］同法第43条の10第1項により、使用済燃料の貯蔵に使用する容器その他の経済産業省令で定める使用済燃料貯蔵施設であって溶接をするものについては、その溶接につき経済産業大臣の検査を受け、これに合格した後でなければ、使用済燃料貯蔵事業者は、これを使用してはならないとされ、溶接をする施設で省令で定

めるものについては、施設の使用前に経済産業大臣の溶接検査に合格することが義務づけられています。溶接の技術基準については、「使用済燃料貯蔵施設の溶接に関する技術基準を定める省令」に示されています。

○ ［溶接の方法の認可］同法第43条の10第2項により、溶接検査を受けようとする者は、その溶接の方法について経済産業大臣の認可を受けなければならないとされ、溶接の方法について経済産業大臣の認可を受けた上で溶接検査を受けることが義務づけられています。

㋺　規定等整備関係

○ ［保安規定の認可］同法第43条の20第1項により、使用済燃料貯蔵事業者は、保安規定を定め、事業開始前に、経済産業大臣の認可を受けなければならないとされ、使用済燃料貯蔵施設の安全な運転を行うために保安規定を定めて、経済産業大臣の認可を受けることが義務づけられています。

○ ［使用済燃料取扱主任者の選任の届出］同法第43条の22により、使用済燃料貯蔵事業者は、使用済燃料の取扱いに関して保安の監督を行わせるため、核燃料取扱主任者免状を有する者、その他の経済産業省令で定める資格を有する者のうちから、使用済燃料取扱主任者を選任すること、また使用済燃料取扱主任者を選任したときは、その旨を経済産業大臣に届け出ることが義務づけられています。

○ ［核物質防護規定の認可］同法第43条の25第1項により、使用済燃料貯蔵事業者は、特定核燃料物質の防護のための核物質防護規定を定め、特定核燃料物質の取扱いを開始する前に、経済産業大臣の認可を受けることが義務づけられています。

○ ［核物質防護管理者の選任の届出］同法第43条の26により、使用済燃料貯蔵事業者は、特定核燃料物質の防護に関する業務を統一的に管理させるため、特定核燃料物質の取扱い等の知識等について経済産業省令で定める要件を備える者のうちから、核物質防護管理者を選任すること、また核物質防護管理者を選任したときは、その旨を経済産業大臣に届け出ることが義務づけられています。

○ ［国際規制物資の貯蔵の届出］同法第61条の3第5項により、使用済燃料貯蔵事業者が国際規制物資を貯蔵しようとする場合には、あ

らかじめ、その貯蔵する国際規制物資の種類及び数量並びに予定される貯蔵の期間を文部科学大臣に届け出なければならないとされ、国際規制物資としての使用済燃料の貯蔵の予定数量等を文部科学大臣に届け出ることが義務づけられています。
○［計量管理規定の認可］同法第61条の8第1項により、国際規制物資使用者等は、国際規制物資の適正な計量及び管理を確保するため、計量管理規定を定め、国際規制物資の使用開始前に、文部科学大臣の認可を受けなければならないとされ、使用済燃料貯蔵事業者は国際規制物資使用者等に該当するので、この計量管理規定を定めて文部科学大臣の認可を受けることが義務づけられています。

(iii) 運転段階

運転段階では同法第43条の12により、使用済燃料貯蔵事業者が事業を開始したときは、経済産業大臣に事業開始を届け出ることが義務づけられています。また同法第43条の13により、使用済燃料貯蔵事業者は、使用済燃料貯蔵施設の貯蔵計画を作成して、経済産業大臣に届け出なければならないとされています。この貯蔵計画は貯蔵規則第23条により、3年間の計画を毎年度届け出ることが求められています。運転段階の規制等は、大きく施設の運転に係る各種の検査と使用済燃料貯蔵事業者が遵守するべき義務等の2つがあります。これらについて主要なものを取りあげます。

　(イ)　検査関係

　○［施設定期検査］同法第43条の11第1項により、使用済燃料貯蔵事業者は、使用済燃料貯蔵施設のうち、政令で定めるものの性能について、経済産業大臣が毎年一回定期に行う検査を受けなければならないとされ、経済産業大臣による毎年1回の施設定期検査を受けることが義務づけられています。

　○［保安検査］同法第43条の20第5項により、使用済燃料貯蔵事業者は、保安規定の遵守の状況について、経済産業大臣が定期に行う検査を受けなければならないとされ、保安規定の遵守の状況について経済産業大臣が行う保安検査を受けることが義務づけられています。貯蔵規則第38条により、この保安検査は年4回行われることになっています。

○［核物質防護検査と保障措置検査］同法第43条の25第2項と同法第61条の8の2により、使用済燃料貯蔵事業者は、経済産業大臣の行う核物質防護検査と文部科学大臣の行う保障措置検査をそれぞれ受けなければなりません。これらの詳細については第Ⅵ章でみることにします。

○［立入検査］同法第68条により、経済産業大臣は、この法律の施行に必要な限度において、その職員に、原子力事業者等の事務所又は工場若しくは事業所に立ち入り、帳簿、書類その他必要な物件を検査させ、関係者に質問させ、又は試験のため必要な最小限度の量に限り、核原料物質、核燃料物質その他の必要な試料を収去させることができるとされ、経済産業省の職員が必要な限度内で立入検査ができることになっています。

㈹　遵守するべき義務等

○［保安のために講ずべき措置］同法第43条の18第1項により、使用済燃料貯蔵事業者は、①使用済燃料貯蔵施設の保全、②使用済燃料貯蔵設備の操作、③使用済燃料の運搬又は使用済燃料によって汚染された物の運搬、貯蔵若しくは廃棄について、保安のために必要な措置を講じなければならないとされ、使用済燃料貯蔵施設の運転段階において、保安のために講ずべき措置が求められています。

　　講ずべき措置の具体的な内容は、貯蔵規則に規定されており、次の通りです。

　①　品質保証（規則第28条から第28条の7まで）

　　　保安のために必要な措置を講じるに当たって品質保証計画を定め、これに基づき保安活動の計画、実施、評価及び改善を行う（PDCAサイクルを回す。）ことが規定されており、事業者の保安の活動に品質保証が求められています。

　②　作業手順書等の遵守（規則第28条の8）

　　　保安規定の遵守のみならず、保安規定に基づく要領書、作業手順書その他保安に関する文書（作業手順書等）を定めて、これらを遵守することが求められています。

　③　管理区域への立入制限等（規則第29条）

　　　管理区域及び周辺監視区域を定めて、立入制限等の措置を講

じることが求められています。
④　線量等に関する措置（規則第30条）
　　放射線業務従事者の線量が経済産業大臣の定める線量限度を超えないようにすることなどが求められています。この線量限度等は、「実用発電用原子炉の設置、運転等に関する規則の規定に基づく線量限度等を定める告示」に示されています。
⑤　使用済燃料貯蔵施設の巡視及び点検（規則第31条）
　　毎日1回以上、使用済燃料貯蔵施設について巡視及び点検を行うことなどが求められています。
⑥　使用済燃料貯蔵施設の施設定期自主検査（規則第32条）
　　使用済燃料貯蔵事業者自身が、使用済燃料貯蔵施設の性能が技術上の基準に適合しているかどうかについての検査を1年ごとに行うことなどが求められています。
⑦　使用済燃料貯蔵設備の操作（規則第33条）
　　使用済燃料の貯蔵は、いかなる場合においても使用済燃料が臨界に達するおそれがないように行うことなどの使用済燃料貯蔵設備の操作に関する措置が求められています。
⑧　事業所内の運搬（規則第34条）
　　使用済燃料等を運搬する場合は、容器に封入することなどの事業所内の使用済燃料等の運搬に関する措置が求められています。
⑨　事業所内の廃棄（規則第35条）
　　事業所内において行われる放射性廃棄物の廃棄に関して必要な措置を講じることが求められています。
⑩　使用済燃料貯蔵施設の定期的な評価（定期安全レビュー、高経年化評価）（規則第35条の2）
　　使用済燃料貯蔵事業者に対して、①10年を超えない期間ごとに、保安活動の実施の状況の評価を行うことと保安活動への最新の技術的知見の反映状況を評価すること（定期安全レビュー）、②事業を開始した日以降20年を経過する日までに、経年変化に関する技術的な評価とそれに基づく保全のために実施すべき措置に関する10年間の計画の策定を行い、その後10年を超えない

期間ごとにこれらの再評価を行うこと（高経年化評価）の2つを内容とする定期的な評価を行うことが求められています。

　以上のように、同法第43条の18第1項が求めている保安のために講ずべき措置の内容は多岐にわたっていますが、特に近年、上記の①、⑥及び⑩にある通り、品質保証の確保の取組みや施設定期自主検査、さらには10年ごとの定期安全レビューや運転開始から20年を経過するまでに行う高経年化評価などが求められるようになりました。

○ ［特定核燃料物質の防護のために講ずべき措置］同法第43条の18第2項により、使用済燃料貯蔵事業者は、特定核燃料物質を取り扱う場合で政令で定める場合には、防護措置を講じなければならないとされています。

(iv) 廃止段階

　廃止段階は同法第43条の27第1項により、使用済燃料貯蔵事業者は、その事業を廃止しようとするときは、使用済燃料貯蔵施設の解体、使用済燃料による汚染の除去、使用済燃料によって汚染された物の廃棄その他の経済産業省令で定める廃止措置を講じることが求められています。また同条第2項により、使用済燃料貯蔵事業者は、廃止措置を講じようとするときは、あらかじめ廃止措置計画を定めて経済産業大臣の認可を受けるべきことが規定されています。さらに廃止の作業を行っているときの保安の確保のために、保安規定を変更することが求められます。このようにして廃止の作業に入りますが、保安規定の遵守状況の調査、すなわち保安検査についても廃止措置計画の認可を受けたときは、廃止措置の実施状況に応じ、毎年4回以内行われることになります（貯蔵規則第38条）。廃止のための作業が進み、終了段階になりますと、同法第43条の27第3項により、使用済燃料貯蔵事業者は、廃止措置が終了したときは、その結果が経済産業省令で定める基準に適合していることについて、経済産業大臣の確認を受けなければならないとされ、その確認を受けたときは、同法第43条の4第1項による使用済燃料の貯蔵の事業の許可は、その効力を失うことになります。

（使用済燃料の貯蔵の事業に関する規制等のまとめ）

(注：[原]は原子炉等規制法を指す。)

事業の段階	規制の内容	該当条文	政令、規則等
(1)定義	貯蔵能力	[原]第43条の4第1項	原子炉等規制法施行令第21条
(2)計画・設計段階	貯蔵の事業の許可	[原]第43条の4	原子炉等規制法施行令第22条、貯蔵規則第2条
	許可の基準	[原]第43条の5	
	変更の許可及び届出	[原]第43条の7	原子炉等規制法施行令第23条、貯蔵規則第3条
	設計及び工事の方法の認可	[原]第43条の8	①貯蔵規則第4条〜第6条 ②技術基準については貯蔵施設設工規則
(3)建設段階	使用前検査	[原]第43条の9	貯蔵規則第7条〜第10条
	溶接の方法の認可	[原]第43条の10第2項	貯蔵規則第15条
	溶接検査	[原]第43条の10第1項、第3項〜第5項	①貯蔵規則第11条〜第14条、第16条、第17条 ②溶接の技術基準については貯蔵施設溶接規則
	保安規定の認可	[原]第43条の20第1項	貯蔵規則第37条
	使用済燃料取扱主任者の選任の届出	[原]第43条の22	貯蔵規則第40条
	核物質防護規定の認可	[原]第43条の25第1項	貯蔵規則第41条
	核物質防護管理者の選任の届出	[原]第43条の26	貯蔵規則第42条、第43条
	国際規制物資の貯蔵の届出	[原]第61条の3第5項	国規物規則第1条の4

事業の段階	規制の内容	該当条文	政令、規則等
	計量管理規定の認可	［原］第61条の8	国規物規則第4条の2の2
(4)運転段階	事業開始の届出	［原］第43条の12	
	貯蔵計画の届出	［原］第43条の13	貯蔵規則第23条
	施設定期検査	［原］第43条の11	原子炉等規制法施行令第24条、貯蔵規則第18条〜第22条
	記録の作成保管	［原］第43条の17	貯蔵規則第27条、第27条の2
	保安のために講ずべき措置	［原］第43条の18第1項	
	・品質保証	同上	貯蔵規則第28条〜第28条の7
	・作業手順書等の遵守	同上	貯蔵規則第28条の8
	・管理区域への立入制限等	同上	貯蔵規則第29条
	・線量等に関する措置	同上	①貯蔵規則第30条 ②実用発電炉等線量限度告示
	・使用済燃料貯蔵施設の巡視及び点検	同上	貯蔵規則第31条
	・使用済燃料貯蔵施設の施設定期自主検査	同上	貯蔵規則第32条
	・使用済燃料貯蔵設備の操作	同上	貯蔵規則第33条
	・事業所内の運搬	同上	貯蔵規則第34条
	・事業所内の廃棄	同上	貯蔵規則第35条
	・使用済燃料貯蔵施設の定期的な評価（定期安全レビュー、高経年化評価）	同上	貯蔵規則第35条の2
	特定核燃料物質の防護のために講ずべき措置	［原］第43条の18第2項	原子炉等規制法施行令第25条、貯蔵

事業の段階	規制の内容	該当条文	政令、規則等
			規則第36条
	保安検査	[原]第43条の20第5項	貯蔵規則第38条
	核物質防護検査	[原]第43条の25第2項	貯蔵規則第41条の2
	保障措置検査	[原]第61条の8の2	国規物規則第4条の2の3
	事業所外廃棄に関する確認等	[原]第58条	原子炉等規制法施行令第46条、外廃棄規則第3条〜第5条、外廃棄措置告示
	主務大臣等への報告	[原]第62条の3	
	警察官等への届出	[原]第63条	
	危険時の措置	[原]第64条	貯蔵規則第44条
	主務大臣等に対する申告	[原]第66条の2	
	報告徴収	[原]第67条	貯蔵規則第48条
	立入検査	[原]第68条	
	許可の取消し等	[原]第43条の16	
(5)廃止段階	廃止措置計画の認可等	[原]第43条の27	貯蔵規則第43条の2〜第43条の6
	保安規定の変更認可	[原]第43条の20第1項	貯蔵規則第37条第2項
	保安検査	[原]第43条の20第5項	貯蔵規則第38条
	クリアランス制度	[原]第61条の2	放射能濃度確認規則
	クリアランスの確認について主務大臣から環境大臣に連絡	[原]第72条の2の2	
	廃止措置の終了に対する確認	[原]第43条の27第3項	貯蔵規則第43条の7、第43条の8

109

（原子炉等規制法施行令＝核原料物質、核燃料物質及び原子炉の規制に関する法律施行令、貯蔵規則＝使用済燃料の貯蔵の事業に関する規則、貯蔵施設設工規則＝使用済燃料貯蔵施設の設計及び工事の方法の技術基準に関する省令、貯蔵施設溶接規則＝使用済燃料貯蔵施設の溶接に関する技術基準を定める省令、国規物規則＝国際規制物資の使用等に関する規則、外廃棄規則＝核燃料物質等の工場又は事業所の外における廃棄に関する規則、放射能濃度確認規則＝核原料物質、核燃料物質及び原子炉の規制に関する法律第61条の2第4項に規定する製錬事業者等における工場等において用いた資材その他の物に含まれる放射性物質の放射能濃度についての確認等に関する規則、実用発電炉等線量限度告示＝実用発電用原子炉の設置、運転等に関する規則の規定に基づく線量限度等を定める告示、外廃棄措置告示＝核燃料物質等の工場又は事業所の外における廃棄に関する措置等に係る技術的細目）

(4) 再処理の事業の安全規制

　原子炉等規制法第2条第8項において「再処理」とは、「原子炉に燃料として使用した核燃料物質その他原子核分裂をさせた核燃料物質（以下「使用済燃料」という。）から核燃料物質その他の有用物質を分離するために、使用済燃料を化学的方法により処理することをいう。」と定義されています。再処理の事業の規制は、原子炉等規制法の下で原子炉等規制法施行令や「使用済燃料の再処理の事業に関する規則」(以下「再処理規則」といいます。）によって、詳細な規制の内容が規定されています。

　再処理の事業としては、日本原子力研究開発機構の再処理施設（茨城県東海村）があり、また日本原燃㈱の再処理工場（青森県六ヶ所村）が試験運転中です。

(i) 計画・設計段階

　同法第44条第1項により、「再処理の事業を行おうとする者は、政令で定めるところにより、経済産業大臣の指定を受けなければならない。」とされ、再処理の事業を行うには国の指定が必要とされています。再処理の事業は、製錬の事業と同様に国全体の原子力事業の観点から特に考慮を必要とするために指定となっていますが、実体的な手続きとしては許可と同じです。同条第2項により、再処理の事業の指定を受けようとする者は、再処理施設の位置、構造及び設備並びに再処理の方法などを記載した申請書を経済産業大臣に提出しなければならないとされ、その

申請書に基づき経済産業大臣の審査が行われることになります。同法第44条の2第1項は指定の基準を示しており、(イ)再処理施設が平和の目的以外に利用されるおそれがないこと、(ロ)その指定をすることによって原子力の開発及び利用の計画的な遂行に支障を及ぼすおそれがないこと、(ハ)その事業を適確に遂行するに足りる技術的能力及び経理的基礎があること、(ニ)再処理施設の位置、構造及び設備が使用済燃料、使用済燃料から分離された物又はこれらによって汚染された物による災害の防止上支障がないものであることの4点になっています。同条第2項では、経済産業大臣は指定をする場合においては、あらかじめ(イ)の平和利用、(ロ)の計画的遂行と(ハ)の中の経理的基礎については原子力委員会の意見を聴き、(ハ)の中の技術的能力と(ニ)の安全性については原子力安全委員会の意見を聴くことが求められています。(ニ)の安全性の確認については、事業者は事業指定申請書の中に再処理施設の安全性に関する基本設計を含めて提出し、国はこの基本設計に対して安全審査を行うことになります。

事業の指定を受けた者、すなわち再処理事業者は、次に基本設計に基づく詳細設計を進めていくことになりますが、この詳細設計については国の認可が必要です。同法第45条第1項により、再処理事業者は、再処理施設の工事に着手する前に、再処理施設に関する設計及び工事の方法について経済産業大臣の認可を受けなければならないとされ、建設の工事に入る前に設計及び工事の方法について国の認可を受けるべきことが規定されています。国は、この詳細設計に対して審査を行った上で認可することになります。設計及び工事の方法の認可の基準は同条第3項に示されており、(イ)指定を受けた基本設計に基づいていることと、(ロ)経済産業省令で定める技術上の基準に適合することの2点になっています。(ロ)の技術上の基準は、「再処理施設の設計及び工事の方法の技術基準に関する規則」として示されています。

(ii) 建設段階

再処理事業者は、指定を受けた基本設計と設計及び工事の方法の認可を受けた詳細設計に基づき、建設のための工事に入っていきますが、その段階での規制、すなわち運転を開始するまでに行われる規制は、大きく建設の進捗に伴う検査と運転開始前に必要な諸規定等の整備の2つがあります。これらについて主要なものを取りあげます。

(イ)　検査関係
○［使用前検査］同法第46条第1項により、再処理事業者は、再処理施設の工事及び性能について経済産業大臣の検査を受け、これに合格した後でなければ、再処理施設を使用してはならないとされ、再処理施設の使用前に経済産業大臣の使用前検査に合格することが義務づけられています。
○［溶接検査］同法第46条の2第1項により、使用済燃料の溶解槽その他の経済産業省令で定める再処理施設であって溶接をするものについては、その溶接につき経済産業大臣の検査を受け、これに合格した後でなければ、再処理事業者は、これを使用してはならないとされ、溶接をする施設で省令で定めるものについては、再処理施設の使用前に経済産業大臣の溶接検査に合格することが義務づけられています。溶接の技術基準については、「加工施設、再処理施設、特定廃棄物埋設施設及び特定廃棄物管理施設の溶接の技術基準に関する規則」に示されています。
○［溶接の方法の認可］同法第46条の2第2項により、溶接検査を受けようとする者は、その溶接の方法について経済産業大臣の認可を受けなければならないとされ、溶接の方法について経済産業大臣の認可を受けた上で溶接検査を受けることが義務づけられています。
(ロ)　規定等整備関係
○［保安規定の認可］同法第50条第1項により、再処理事業者は、保安規定を定め、事業開始前に、経済産業大臣の認可を受けなければならないとされ、再処理施設の安全な運転を行うために保安規定を定めて、経済産業大臣の認可を受けることが義務づけられています。
○［核燃料取扱主任者の選任の届出］同法第50条の2により、再処理事業者は、核燃料物質の取扱いに関して保安の監督を行わせるため、核燃料取扱主任者免状を有する者のうちから、核燃料取扱主任者を選任すること、また核燃料取扱主任者を選任したときは、その旨を経済産業大臣に届け出ることが義務づけられています。
○［核物質防護規定の認可］同法第50条の3第1項により、再処理事業者は、特定核燃料物質の防護のための核物質防護規定を定め、特定核燃料物質の取扱いを開始する前に、経済産業大臣の認可を受け

ることが義務づけられています。
- ○［核物質防護管理者の選任の届出］同法第50条の４により、再処理事業者は、特定核燃料物質の防護に関する業務を統一的に管理させるため、特定核燃料物質の取扱い等の知識等について経済産業省令で定める要件を備える者のうちから、核物質防護管理者を選任すること、また核物質防護管理者を選任したときは、その旨を経済産業大臣に届け出ることが義務づけられています。
- ○［国際規制物資の使用の届出］同法第61条の３第４項により、再処理事業者が国際規制物資を再処理の事業の用に供する場合は、あらかじめ、その使用する国際規制物資の種類及び数量並びに予定使用期間を文部科学大臣に届け出なければならないとされ、国際規制物資としての核燃料物質の予定使用量等を文部科学大臣に届け出ることが義務づけられています。
- ○［計量管理規定の認可］同法第61条の８第１項により、国際規制物資使用者等は、国際規制物資の適正な計量及び管理を確保するため、計量管理規定を定め、国際規制物資の使用開始前に、文部科学大臣の認可を受けなければならないとされ、再処理事業者は国際規制物資使用者等に該当するので、この計量管理規定を定めて文部科学大臣の認可を受けることが義務づけられています。

(iii) 運転段階

運転段階では同法第46条の３により、再処理事業者が事業を開始したときは、経済産業大臣に事業開始を届け出ることが義務づけられています。また同法第46条の４により、再処理事業者は、再処理施設の使用計画を作成し、経済産業大臣に届け出なければならないとされています。この使用計画は再処理規則第７条の13により、３年間の計画を毎年度届け出ることが求められています。運転段階の規制等は、大きく施設の運転に係る各種の検査と再処理事業者が遵守するべき義務等の２つがあります。これらについて主要なものを取りあげます。

(イ) 検査関係
- ○［施設定期検査］同法第46条の２の２第１項により、再処理事業者は、再処理施設のうち、政令で定めるものの性能について、経済産業大臣が毎年一回定期に行う検査を受けなければならないとされ、

経済産業大臣による毎年１回の施設定期検査を受けることが義務づけられています。
○［保安検査］同法第50条第５項により、再処理事業者は、保安規定の遵守の状況について、経済産業大臣が定期に行う検査を受けなければならないとされ、保安規定の遵守の状況について、経済産業大臣が行う保安検査を受けることが義務づけられています。再処理規則第17条の２により、この保安検査は年４回行われることになっています。
○［核物質防護検査と保障措置検査］同法第50条の３第２項と同法第61条の８の２により、再処理事業者は、経済産業大臣の行う核物質防護検査と文部科学大臣の行う保障措置検査をそれぞれ受けなければなりません。これらの詳細については第Ⅵ章でみることにします。
○［立入検査］同法第68条により、経済産業大臣は、この法律の施行に必要な限度において、その職員に、原子力事業者等の事務所又は工場若しくは事業所に立ち入り、帳簿、書類その他必要な物件を検査させ、関係者に質問させ、又は試験のため必要な最小限度の量に限り、核原料物質、核燃料物質その他の必要な試料を収去させることができるとされ、経済産業省の職員が必要な限度内で立入検査ができることになっています。

(ロ) 遵守するべき義務等

○［保安のために講ずべき措置］同法第48条第１項により、再処理事業者は、①再処理施設の保全、②再処理設備の操作、③使用済燃料、使用済燃料から分離された物又はこれらによって汚染された物の運搬、貯蔵又は廃棄について、保安のために必要な措置を講じなければならないとされ、再処理施設の運転段階において保安のために講ずべき措置が求められています。

　講ずべき措置の具体的な内容は、再処理規則に規定されており、次の通りです。

　　① 品質保証（規則第８条の３から第８条の９まで）
　　　保安のために必要な措置を講じるに当たって品質保証計画を定め、これに基づき保安活動の計画、実施、評価及び改善を行う（PDCAサイクルを回す。）ことが規定されており、事業者

の保安の活動に品質保証が求められています。
② 作業手順書等の遵守（規則第8条の10）
　　保安規定の遵守のみならず、保安規定に基づく要領書、作業手順書その他保安に関する文書（作業手順書等）を定めて、これらを遵守することが求められています。
③ 管理区域への立入制限等（規則第9条）
　　管理区域、保全区域及び周辺監視区域を定めて、立入制限等の措置を講じることが求められています。
④ 線量等に関する措置（規則第10条）
　　放射線業務従事者の線量が経済産業大臣の定める線量限度を超えないようにすることなどが求められています。この線量限度は、「核燃料物質の加工の事業に関する規則等の規定に基づき、線量限度等を定める告示」に示されています。
⑤ 再処理施設の巡視及び点検（規則第11条）
　　毎日1回以上、再処理施設について巡視及び点検を行うことなどが求められています。
⑥ 再処理施設の施設定期自主検査（規則第12条）
　　再処理事業者自身が、再処理施設の性能が技術上の基準に適合しているかどうかについての検査を1年ごとに行うことなどが求められています。
⑦ 初期消火活動のための体制の整備（規則第12条の2）
　　火災が発生した場合における初期消火活動を行うための体制の整備について必要な措置を講じることなどが求められています。
⑧ 再処理設備の操作（規則第13条）
　　使用済燃料の再処理は、いかなる場合においても核燃料物質が臨界に達するおそれがないように行うことなどの再処理設備の操作に関する措置が求められています。
⑨ 工場又は事業所内の運搬（規則第14条）
　　核燃料物質等を運搬する場合は、容器に封入することなどの工場又は事業所内の核燃料物質等の運搬に関する措置が求められています。

⑩　貯蔵（規則第15条）

　　核燃料物質の貯蔵は、いかなる場合においても核燃料物質が臨界に達するおそれがないように行うことなどの核燃料物質の貯蔵に関する措置が求められています。

⑪　工場又は事業所内の廃棄（規則第16条）

　　工場又は事業所内において行われる放射性廃棄物の廃棄に関して必要な措置を採ることが求められています。

⑫　再処理施設の定期的な評価（定期安全レビュー、高経年化評価）（規則第16条の２）

　　再処理事業者に対して、①10年を超えない期間ごとに、保安活動の実施の状況の評価を行うことと保安活動への最新の技術的知見の反映状況を評価すること（定期安全レビュー）、②事業を開始した日以降20年を経過する日までに、経年変化に関する技術的な評価とそれに基づく保全のために実施すべき措置に関する10年間の計画の策定を行い、その後10年を超えない期間ごとに、これらの再評価を行うこと（高経年化評価）の２つを内容とする定期的な評価を行うことが求められています。

　以上のように、同法第48条第１項が求めている保安のために講ずべき措置の内容は多岐にわたっていますが、特に近年、上記の①、⑥及び⑫にある通り、品質保証の確保の取組みや施設定期自主検査、さらには10年ごとの定期安全レビューや運転開始から20年を経過するときまでに行う高経年化評価などが求められるようになりました。

○［特定核燃料物質の防護のために講ずべき措置］同法第48条第２項により、再処理事業者は、特定核燃料物質を取り扱う場合で政令で定める場合には、防護措置を講じなければならないとされています。

(iv)　廃止段階

　廃止段階は同法第50条の５第１項により、再処理事業者は、その事業を廃止しようとするときは、再処理施設の解体、その保有する使用済燃料又は使用済燃料から分離された物の譲渡し、使用済燃料による汚染の除去、使用済燃料又は使用済燃料から分離された物によって汚染された物の廃棄その他の経済産業省令で定める廃止措置を講じることが求められています。また同条第２項により、再処理事業者は、廃止措置を講じ

ようとするときは、あらかじめ廃止措置計画を定めて経済産業大臣の認可を受けるべきことが規定されています。さらに廃止の作業を行っているときの保安の確保のために、保安規定を変更することになります。このようにして廃止の作業に入りますが、廃止措置対象施設内に使用済燃料が存在する場合などは、施設定期検査は行われることになります（再処理規則第7条の10の2）。また、保安規定の遵守状況の調査、すなわち保安検査についても廃止措置計画の認可を受けたときは、廃止措置の実施状況に応じ、毎年4回以内行われることになります（同規則第17条の2）。廃止のための作業が進み、終了段階になりますと、同法第50条の5第3項により、再処理事業者は、廃止措置が終了したときは、その結果が経済産業省令で定める基準に適合していることについて、経済産業大臣の確認を受けなければならないとされ、その確認を受けたときは、同法第44条第1項による再処理の事業の指定は、その効力を失うことになります。

（再処理の事業に関する規制等のまとめ）

(注：[原]は原子炉等規制法を指す。)

事業の段階	規制の内容	該当条文	政令、規則等
(1)定義	再処理	[原]第2条第8項	
(2)計画・設計段階	再処理の事業の指定	[原]第44条	原子炉等規制法施行令第26条、再処理規則第1条の2
	指定の基準	[原]第44条の2	
	変更の許可及び届出	[原]第44条の4	原子炉等規制法施行令第27条、再処理規則第1条の4
	設計及び工事の方法の認可	[原]第45条	①再処理規則第2条〜第4条 ②技術基準については再処理施設設工規則
(3)建設段階	使用前検査	[原]第46条	再処理規則第5条〜第7条
	溶接の方法の認可	[原]第46条の2	再処理規則第7条

117

事業の段階	規制の内容	該当条文	政令、規則等
		第2項	の6
	溶接検査	[原]第46条の2 第1項、第3項～第5項	①再処理規則第7条の2～第7条の5、第7条の7、第7条の8 ②溶接の技術基準については加工施設等溶接規則
	保安規定の認可	[原]第50条第1項	再処理規則第17条
	核燃料取扱主任者の選任の届出	[原]第50条の2	再処理規則第18条
	核物質防護規定の認可	[原]第50条の3 第1項	再処理規則第19条
	核物質防護管理者の選任の届出	[原]第50条の4	再処理規則第19条の2、第19条の3
	国際規制物資の使用の届出	[原]第61条の3 第4項	国規物規則第1条の3
	計量管理規定の認可	[原]第61条の8	国規物規則第4条の2の2
(4)運転段階	事業開始の届出	[原]第46条の3	
	使用計画の届出	[原]第46条の4	再処理規則第7条の13
	施設定期検査	[原]第46条の2の2	原子炉等規制法施行令第28条、再処理規則第7条の9、第7条の10、第7条の10の2の2～第7条の12
	記録の作成保管	[原]第47条	再処理規則第8条、第8条の2
	保安のために講ずべき措置	[原]第48条第1項	
	・品質保証	同上	再処理規則第8条の3～第8条の9

事業の段階	規制の内容	該当条文	政令、規則等
	・作業手順書等の遵守	同上	再処理規則第8条の10
	・管理区域への立入制限等	同上	再処理規則第9条
	・線量等に関する措置	同上	①再処理規則第10条 ②加工事業等線量限度告示
	・再処理施設の巡視及び点検	同上	再処理規則第11条
	・再処理施設の施設定期自主検査	同上	再処理規則第12条
	・初期消火活動のための体制の整備	同上	再処理規則第12条の2
	・再処理設備の操作	同上	再処理規則第13条
	・工場又は事業所内の運搬	同上	再処理規則第14条
	・貯蔵	同上	再処理規則第15条
	・工場又は事業所内の廃棄	同上	再処理規則第16条
	・再処理施設の定期的な評価（定期安全レビュー、高経年化評価）	同上	再処理規則第16条の2
	特定核燃料物質の防護のために講ずべき措置	[原]第48条第2項	原子炉等規制法施行令第29条、再処理規則第16条の3
	保安検査	[原]第50条第5項	再処理規則第17条の2
	核物質防護検査	[原]第50条の3第2項	再処理規則第19条の2
	保障措置検査	[原]第61条の8の2	国規物規則第4条の2の3、第4条の2の7
	事業所外廃棄に関する確認等	[原]第58条	原子炉等規制法施行令第46条、外廃

事業の段階	規制の内容	該当条文	政令、規則等
			棄規則第3条～第5条、外廃棄措置告示
	主務大臣等への報告	[原]第62条の3	再処理規則第19条の16
	警察官等への届出	[原]第63条	
	危険時の措置	[原]第64条	再処理規則第20条
	報告徴収	[原]第67条	再処理規則第21条
	立入検査	[原]第68条	
	指定の取消し等	[原]第46条の7	
(5)廃止段階	廃止措置計画の認可等	[原]第50条の5	再処理規則第19条の4～第19条の8
	保安規定の変更認可	[原]第50条第1項	
	施設定期検査	[原]第46条の2の2	再処理規則第7条の10の2
	保安検査	[原]第50条第5項	再処理規則第17条の2
	クリアランス制度	[原]第61条の2	放射能濃度確認規則
	クリアランスの確認について主務大臣から環境大臣に連絡	[原]第72条の2の2	
	廃止措置の終了に対する確認	[原]第50条の5第3項	再処理規則第19条の9、第19条の10

(原子炉等規制法施行令＝核原料物質、核燃料物質及び原子炉の規制に関する法律施行令、再処理規則＝使用済燃料の再処理の事業に関する規則、再処理施設設工規則＝再処理施設の設計及び工事の方法の技術基準に関する規則、加工施設等溶接規則＝加工施設、再処理施設、特定廃棄物埋設施設及び特定廃棄物管理施設の溶接の技術基準に関する規則、国規物規則＝国際規制物資の使用等に関する規則、外廃棄規則＝核燃料物質等の工場又は事業所の外における廃棄に関する規則、放射能濃度確認規則＝核原料物質、核燃料物質及び原子炉の規制に関する法律第61条の2第4項に規定する製錬事業者等における工場等において用いた資材その他の物に含まれる放射性物質の放射能濃度についての確認等に関する規則、加工事業等線量限度告示＝核燃料物質の加工の事業に関する規則

等の規定に基づき、線量限度等を定める告示、外廃棄措置告示＝核燃料物質等の工場又は事業所の外における廃棄に関する措置等に係る技術的細目）

(5) 放射性廃棄物の管理の事業の安全規制

　我が国は「廃棄物その他の物の投棄による海洋汚染の防止に関する条約」（ロンドン条約）に基づき、放射性廃棄物の海洋投棄は行わないことにしており、原子炉等規制法第62条第１項により、「核原料物質若しくは核燃料物質又はこれらによつて汚染された物は、海洋投棄をしてはならない。」とされ、放射性廃棄物の海洋投棄は禁じられています。原子炉等規制法では、放射性廃棄物の最終的な処分として陸地に埋設する事業が規定されています。

　同法第51条の２は、「第一種廃棄物埋設」、「第二種廃棄物埋設」と「廃棄物管理」の３つの事業について、それぞれ許可が必要であるとしています。このうち廃棄物管理は、廃棄物埋設が行われるまでの間において放射性廃棄物を管理する事業を指しますので、これを先に取りあげることにします。放射性廃棄物の管理の事業の規制は、原子炉等規制法の下で原子炉等規制法施行令や「核燃料物質又は核燃料物質によつて汚染された物の廃棄物管理の事業に関する規則」（以下「廃棄物管理規則」といいます。）によって、詳細な規制の内容が規定されています。

　放射性廃棄物の管理の事業としては、日本原燃（株）の廃棄物管理施設があり、ここでは海外から返還される高レベル放射性廃棄物のガラス固化体が管理されています。また、日本原子力研究開発機構の大洗研究開発センターの廃棄物管理施設においては、原子炉の運転等に伴って発生する液体状廃棄物の固化体等が管理されています。

(i) 計画・設計段階

　同法第51条の２第１項第３号において「廃棄物管理」は、「核燃料物質又は核燃料物質によつて汚染された物についての第一種廃棄物埋設及び第二種廃棄物埋設（以下「廃棄物埋設」という。）その他の最終的な処分がされるまでの間において行われる放射線による障害の防止を目的とした管理その他の管理又は処理であつて政令で定めるもの（以下「廃棄物管理」という。）」と定義されています。同法第51条の２第１項によ

り、この廃棄物管理の事業を行おうとする者は、経済産業大臣の許可を受けることが求められています。そして同条第2項により、廃棄物管理の事業の許可を受けようとする者は、廃棄物管理施設の位置、構造及び設備並びに廃棄の方法などを記載した申請書を経済産業大臣に提出しなければならないとされ、その申請書に基づき経済産業大臣の審査が行われることになります。同法第51条の3第1項は許可の基準を示しており、㈰その許可をすることによって原子力の開発及び利用の計画的な遂行に支障を及ぼすおそれがないこと、㈪その事業を適確に遂行するに足りる技術的能力及び経理的基礎があること、㈫廃棄物管理施設の位置、構造及び設備が核燃料物質又は核燃料物質によって汚染された物による災害の防止上支障がないものであることの3点になっています。廃棄物管理は平和目的であることは自明ですので、この基準には平和利用確保は入っていません。同条第2項では、経済産業大臣は許可をする場合においては、あらかじめ㈰の計画的遂行と㈪の中の経理的基礎については原子力委員会の意見を聴き、㈪の中の技術的能力と㈫の安全性については原子力安全委員会の意見を聴くことが求められています。㈫の安全性の確認については事業者は、事業許可申請書の中に廃棄物管理施設の安全性に関する基本設計を含めて提出し、国はこの基本設計に対して安全審査を行うことになります。

　事業の許可を受けた者、すなわち廃棄物管理事業者は、次に基本設計に基づく詳細設計を進めていくことになりますが、この詳細設計については国の認可が必要です。同法第51条の7第1項により、廃棄物管理事業者は、政令で定める廃棄物管理施設（以下「特定廃棄物管理施設」という。）の工事に着手する前に、特定廃棄物管理施設に関する設計及び工事の方法について経済産業大臣の認可を受けなければならないとされ、特定廃棄物管理施設については、建設の工事に入る前に設計及び工事の方法について国の認可を受けるべきことが規定されています。ここで特定廃棄物管理施設とは、原子炉等規制法施行令第34条第2項により、「3.7テラベクレル以上の核燃料物質又は核燃料物質によつて汚染された物の廃棄物管理施設とする。」と定義されています。国は、この特定廃棄物管理施設についての詳細設計に対して審査を行った上で認可をすることになります。設計及び工事の方法の認可の基準は同法第51条の7第

3項に示されており、(イ)許可を受けた基本設計に基づいていることと、(ロ)経済産業省令で定める技術上の基準に適合することの2点になっています。(ロ)の技術上の基準は、「特定廃棄物埋設施設又は特定廃棄物管理施設の設計及び工事の方法の技術基準に関する規則」として示されています。

(ⅱ) 建設段階

　廃棄物管理事業者は、許可を受けた基本設計と設計及び工事の方法の認可を受けた詳細設計に基づき、建設のための工事に入っていきますが、その段階での規制、すなわち運転を開始するまでに行われる規制は、大きく建設の進捗に伴う検査と運転開始前に必要な諸規定等の整備の2つがあります。これらについて主要なものを取りあげます。

　　(イ)　検査関係

　　〇［使用前検査］（特定廃棄物管理施設が対象）同法第51条の8第1項により、廃棄物管理事業者は、特定廃棄物管理施設の工事及び性能について経済産業大臣の検査を受け、これに合格した後でなければ、特定廃棄物管理施設を使用してはならないとされ、特定廃棄物管理施設の使用前に経済産業大臣の使用前検査に合格することが義務づけられています。

　　〇［溶接検査］（特定廃棄物管理施設が対象）同法第51条の9第1項により、核燃料物質又は核燃料物質によって汚染された物の廃液槽その他の経済産業省令で定める特定廃棄物管理施設であって溶接をするものについては、その溶接につき経済産業大臣の検査を受け、これに合格した後でなければ、廃棄物管理事業者は、これを使用してはならないとされ、溶接をする施設で省令で定めるものについては、特定廃棄物管理施設の使用前に経済産業大臣の溶接検査に合格することが義務づけられています。溶接の技術基準については、「加工施設、再処理施設、特定廃棄物埋設施設及び特定廃棄物管理施設の溶接の技術基準に関する規則」に示されています。

　　〇［溶接の方法の認可］（特定廃棄物管理施設が対象）同法第51条の9第2項により、溶接検査を受けようとする者は、その溶接の方法について経済産業大臣の認可を受けなければならないとされ、溶接の方法について経済産業大臣の認可を受けた上で溶接検査を受ける

ことが義務づけられています。
(ロ) 規定等整備関係

○［保安規定の認可］同法第51条の18第1項により、廃棄物管理事業者は、保安規定を定め、事業開始前に、経済産業大臣の認可を受けなければならないとされ、廃棄物管理施設の安全な運転を行うために保安規定を定めて、経済産業大臣の認可を受けることが義務づけられています。

○［廃棄物取扱主任者の選任の届出］同法第51条の20により、廃棄物管理事業者は、核燃料物質又は核燃料物質によって汚染された物の取扱いに関して保安の監督を行わせるため、核燃料取扱主任者免状を有する者その他の経済産業省令で定める資格を有する者のうちから、廃棄物取扱主任者を選任すること、また廃棄物取扱主任者を選任したときは、その旨を経済産業大臣に届け出ることが義務づけられています。

○［核物質防護規定の認可］同法第51条の23第1項により、廃棄物管理事業者は、特定核燃料物質の防護のための核物質防護規定を定め、特定核燃料物質の取扱いを開始する前に、経済産業大臣の認可を受けることが義務づけられています。

○［核物質防護管理者の選任の届出］同法第51条の24により、廃棄物管理事業者は、特定核燃料物質の防護に関する業務を統一的に管理させるため、特定核燃料物質の取扱い等の知識等について経済産業省令で定める要件を備える者のうちから、核物質防護管理者を選任すること、また核物質防護管理者を選任したときは、その旨を経済産業大臣に届け出ることが義務づけられています。

○［国際規制物資の廃棄の届出］同法第61条の3第6項により、廃棄物管理事業者が国際規制物資を廃棄しようとする場合には、あらかじめ、その廃棄する国際規制物資の種類及び数量並びに予定される廃棄の期間を文部科学大臣に届け出なければならないとされ、国際規制物資としての放射性廃棄物の管理の数量等を文部科学大臣に届け出ることが義務づけられています。

○［計量管理規定の認可］同法第61条の8第1項により、国際規制物資使用者等は、国際規制物資の適正な計量及び管理を確保するため、

計量管理規定を定め、国際規制物資の使用開始前に、文部科学大臣の認可を受けなければならないとされ、廃棄物管理事業者は国際規制物資使用者等に該当するので、この計量管理規定を定めて文部科学大臣の認可を受けることが義務づけられています。

(iii) 運転段階

運転段階では同法第51条の11により、廃棄物管理事業者が事業を開始したときは、経済産業大臣に事業開始を届け出ることが義務づけられています。運転段階の規制等は、大きく施設の運転に係る各種の検査と廃棄物管理事業者が遵守するべき義務等の2つがあります。返還廃棄物を受け入れるときには、廃棄に関する確認等が必要になりますので、最初にこの点を取りあげます。

(イ) 事業所外廃棄に関する確認等（返還廃棄物を受け入れる場合）

返還廃棄物（原子炉等規制法の法令では「輸入廃棄物」とされています。）を受け入れるときには、同法第58条により、保安のために必要な措置を講じることと、廃棄に関する措置が主務省令の規定に適合することについて、経済産業大臣の確認を受けなければならないとされています。主務省令は「核燃料物質等の工場又は事業所の外における廃棄に関する規則」（文部科学省、国土交通省及び経済産業省の共同省令、以下「外廃棄規則」といいます。）を指します。これは輸入廃棄物を受け入れる者の義務となります。

○ [事業所外廃棄に関する保安のために必要な措置] 輸入廃棄物を受け入れるときは、同法第58条第1項により、原子力事業者等は、主務省令で定めるところにより、保安のために必要な措置を講じなければならないとされています。具体的には、外廃棄規則第2条第1項第4号により、輸入廃棄物は放射線障害防止のため容器に封入し、又は容器に固型化したものであることなどの基準に適合する措置を講じることが求められています。

○ [事業所外廃棄に関する確認] 輸入廃棄物を受け入れるときは、同法第58条第2項により、原子力事業者等は、その廃棄に関する措置が主務省令の規定（外廃棄規則第2条を指します。）に適合することについて、経済産業大臣の確認を受けなければならないとされています。外廃棄規則第4条及び第5条により、この確認を受けよう

とする者は輸入廃棄物の内容の詳細に関する説明書等を添えて確認の申請をして、輸入廃棄物を廃棄物管理設備に廃棄する前に確認を受けることが求められています。

(ロ) 検査関係

○ ［施設定期検査］（特定廃棄物管理施設が対象）同法第51条の10第1項により、廃棄物管理事業者は、特定廃棄物管理施設のうち、政令で定めるものの性能について、一年以上であって経済産業省令で定める期間ごとに経済産業大臣が行う検査を受けなければならないとされ、特定廃棄物管理施設については経済産業大臣による施設定期検査を受けることが義務づけられています。廃棄物管理規則第20条で定める期間は1年となっています。

○ ［保安検査］同法第51条の18第5項により、廃棄物管理事業者は、保安規定の遵守の状況について、経済産業大臣が定期に行う検査を受けなければならないとされ、保安規定の遵守の状況について、経済産業大臣が行う保安検査を受けることが義務づけられています。廃棄物管理規則第34条の2により、この保安検査は年4回行われることになっています。

○ ［核物質防護検査と保障措置検査］同法第51条の23第2項と同法第61条の8の2により、廃棄物管理事業者は、経済産業大臣の行う核物質防護検査と文部科学大臣の行う保障措置検査をそれぞれ受けなければなりません。これらの詳細については第Ⅵ章でみることにします。

○ ［立入検査］同法第68条により、経済産業大臣は、この法律の施行に必要な限度において、その職員に、原子力事業者等の事務所又は工場若しくは事業所に立ち入り、帳簿、書類その他必要な物件を検査させ、関係者に質問させ、又は試験のため必要な最小限度の量に限り、核原料物質、核燃料物質その他の必要な試料を収去させることができるとされ、経済産業省の職員が必要な限度内で立入検査ができることになっています。

(ハ) 遵守するべき義務等

○ ［保安のために講ずべき措置］同法第51条の16第3項により、廃棄物管理事業者は、①廃棄物管理施設の保全、②廃棄物管理設備の操

作、③核燃料物質又は核燃料物質によって汚染された物の運搬又は廃棄について、保安のために必要な措置を講じなければならないとされ、廃棄物管理施設の運転段階において保安のために講ずべき措置が求められています。

講ずべき措置の具体的な内容は、廃棄物管理規則に規定されており、次の通りです。

① 品質保証（規則第26条の3から第26条の9まで）
　保安のために必要な措置を講じるに当たって品質保証計画を定め、これに基づき保安活動の計画、実施、評価及び改善を行う（PDCAサイクルを回す。）ことが規定されており、事業者の保安の活動に品質保証が求められています。

② 作業手順書等の遵守（規則第26条の10）
　保安規定の遵守のみならず、保安規定に基づく要領書、作業手順書その他保安に関する文書（作業手順書等）を定めて、これらを遵守することが求められています。

③ 管理区域への立入制限等（規則第27条）
　管理区域及び周辺監視区域を定めて、立入制限等の措置を講じることが求められています。

④ 線量等に関する措置（規則第28条）
　放射線業務従事者の線量が経済産業大臣の定める線量限度を超えないようにすることなどが求められています。この線量限度等は、「核燃料物質の加工の事業に関する規則等の規定に基づき、線量限度等を定める告示」に示されています。

⑤ 廃棄物管理施設の巡視及び点検（規則第29条）
　毎日1回以上、廃棄物管理施設について巡視及び点検を行うことなどが求められています。

⑥ 廃棄物管理施設の施設定期自主検査（規則第30条）
　廃棄物管理事業者自身が、廃棄物管理施設の性能が技術上の基準に適合しているかどうかについての検査を1年ごとに行うことなどが求められています。

⑦ 廃棄物管理設備の操作（規則第31条）
　非常の場合に採るべき処置を定め、これを操作員に守らせる

ことなどの廃棄物管理設備の操作に関する措置が求められています。

⑧ 事業所内の運搬（規則第32条）

核燃料物質等を運搬する場合は、容器に封入することなどの事業所内の核燃料物質等の運搬に関する措置が求められています。

⑨ 事業所内の廃棄（規則第33条）

事業所内において行われる放射性廃棄物の廃棄に関して必要な措置を採ることが求められています。

以上のように、同法第51条の16第3項が求めている保安のために講ずべき措置の内容は多岐にわたっていますが、特に近年、上記の①及び⑥にある通り、品質保証の確保の取組みや施設定期自主検査などが求められるようになりました。

○［特定核燃料物質の防護のために講ずべき措置］同法第51条の16第4項により、廃棄物管理事業者は、特定核燃料物質を取り扱う場合で政令で定める場合には、防護措置を講じなければならないとされています。

(iv) 廃止段階

廃止段階は同法第51条の25第1項により、廃棄物管理事業者は、その事業を廃止しようとするときは、廃棄物管理施設の解体、核燃料物質による汚染の除去、核燃料物質によって汚染された物の廃棄その他の経済産業省令で定める廃止措置を講じることが求められています。また同条第2項により、廃棄物管理事業者は、廃止措置を講じようとするときは、あらかじめ廃止措置計画を定めて経済産業大臣の認可を受けるべきことが規定されています。さらに廃止の作業を行っているときの保安の確保のために、保安規定を変更することになります。このようにして廃止の作業に入りますが、保安規定の遵守状況の調査、すなわち保安検査についても廃止措置計画の認可を受けたときは、廃止措置の実施状況に応じ、毎年4回以内行われることになります（廃棄物管理規則第34条の2）。廃止のための作業が進み、終了段階になりますと、同法第51条の25第3項により、廃棄物管理事業者は、廃止措置が終了したときは、その結果が経済産業省令で定める基準に適合していることについて、経済産業大

臣の確認を受けなければならないとされ、その確認を受けたときは、同法第51条の2第1項による廃棄物管理の事業の許可は、その効力を失うことになります。

(放射性廃棄物の管理の事業に関する規制等のまとめ)

(注：［原］は原子炉等規制法を指す。)

事業の段階	規制の内容	該当条文	政令、規則等
(1)定義	廃棄物管理	［原］第51条の2第1項第3号	原子炉等規制法施行令第32条
	特定廃棄物管理施設	［原］第51条の7第1項	原子炉等規制法施行令第34条第2項
(2)計画・設計段階	廃棄物管理の事業の許可	［原］第51条の2	原子炉等規制法施行令第30条、廃棄物管理規則第2条
	許可の基準	［原］第51条の3	
	変更の許可及び届出	［原］第51条の5	原子炉等規制法施行令第33条、廃棄物管理規則第3条
	設計及び工事の方法の認可	［原］第51条の7	①特定廃棄物管理施設が対象 ②廃棄物管理規則第4条～第6条 ③技術基準については廃棄物埋設施設等設工規則
(3)建設段階	使用前検査	［原］第51条の8	①特定廃棄物管理施設が対象 ②廃棄物管理規則第7条～第10条
	溶接の方法の認可	［原］第51条の9第2項	①特定廃棄物管理施設が対象 ②廃棄物管理規則第15条
	溶接検査	［原］第51条の9第1項、第3項～第5項	①特定廃棄物管理施設が対象 ②廃棄物管理規則第11条～第14条、第16条、第17条 ③溶接の技術基準

事業の段階	規制の内容	該当条文	政令、規則等
			については加工施設等溶接規則
	保安規定の認可	[原]第51条の18第1項	廃棄物管理規則第34条
	廃棄物取扱主任者の選任の届出	[原]第51条の20	廃棄物管理規則第35条
	核物質防護規定の認可	[原]第51条の23第1項	廃棄物管理規則第35条の2
	核物質防護管理者の選任の届出	[原]第51条の24	廃棄物管理規則第35条の3、第35条の4
	国際規制物資の廃棄の届出	[原]第61条の3第6項	国規物規則第1条の5
	計量管理規定の認可	[原]第61条の8	国規物規則第4条の2の2
(4)運転段階	事業開始の届出	[原]第51条の11	
	事業所外廃棄に関する確認等（返還廃棄物を受け入れる場合）	[原]第58条	①輸入廃棄物を受け入れる者の義務 ②原子炉等規制法施行令第46条、外廃棄規則第2条～第5条、外廃棄措置告示
	施設定期検査	[原]第51条の10	①特定廃棄物管理施設が対象 ②原子炉等規制法施行令第35条、廃棄物管理規則第18条～第22条
	記録の作成保管	[原]第51条の15	廃棄物管理規則第26条、第26条の2
	保安のために講ずべき措置	[原]第51条の16第3項	
	・品質保証	同上	廃棄物管理規則第26条の3～第26条の9
	・作業手順書等の遵守	同上	廃棄物管理規則第26条の10

事業の段階	規制の内容	該当条文	政令、規則等
	・管理区域への立入制限等	同上	廃棄物管理規則第27条
	・線量等に関する措置	同上	①廃棄物管理規則第28条 ②加工事業等線量限度告示
	・廃棄物管理施設の巡視及び点検	同上	廃棄物管理規則第29条
	・廃棄物管理施設の施設定期自主検査	同上	廃棄物管理規則第30条
	・廃棄物管理設備の操作	同上	廃棄物管理規則第31条
	・事業所内の運搬	同上	廃棄物管理規則第32条
	・事業所内の廃棄	同上	廃棄物管理規則第33条
	特定核燃料物質の防護のために講ずべき措置	[原]第51条の16第4項	原子炉等規制法施行令第36条、廃棄物管理規則第33条の2
	保安検査	[原]第51条の18第5項	廃棄物管理規則第34条の2
	核物質防護検査	[原]第51条の23第2項	廃棄物管理規則第35条の2の2
	保障措置検査	[原]第61条の8の2	国規物規則第4条の2の3
	主務大臣等への報告	[原]第62条の3	廃棄物管理規則第35条の16
	警察官等への届出	[原]第63条	
	危険時の措置	[原]第64条	廃棄物管理規則第36条
	報告徴収	[原]第67条	廃棄物管理規則第40条
	立入検査	[原]第68条	
	許可の取消し等	[原]第51条の14	
(5)廃止段階	廃止措置計画の認可等	[原]第51条の25	廃棄物管理規則

131

事業の段階	規制の内容	該当条文	政令、規則等
			35条の5～第35条の9
	保安規定の変更認可	[原]第51条の18第1項	
	保安検査	[原]第51条の18第5項	廃棄物管理規則第34条の2
	クリアランス制度	[原]第61条の2	放射能濃度確認規則
	クリアランスの確認について主務大臣から環境大臣に連絡	[原]第72条の2の2	
	廃止措置の終了に対する確認	[原]第51条の25第3項	廃棄物管理規則第35条の10、第35条の11

(原子炉等規制法施行令＝核原料物質、核燃料物質及び原子炉の規制に関する法律施行令、廃棄物管理規則＝核燃料物質又は核燃料物質によって汚染された物の廃棄物管理の事業に関する規則、廃棄物埋設施設等設工規則＝特定廃棄物埋設施設又は特定廃棄物管理施設の設計及び工事の方法の技術基準に関する規則、加工施設等溶接規則＝加工施設、再処理施設、特定廃棄物埋設施設及び特定廃棄物管理施設の溶接の技術基準に関する規則、外廃棄規則＝核燃料物質等の工場又は事業所の外における廃棄に関する規則、国規物規則＝国際規制物資の使用等に関する規則、放射能濃度確認規則＝核原料物質、核燃料物質及び原子炉の規制に関する法律第61条の2第4項に規定する製錬事業者等における工場等において用いた資材その他の物に含まれる放射性物質の放射能濃度についての確認等に関する規則、外廃棄措置告示＝核燃料物質等の工場又は事業所の外における廃棄に関する措置等に係る技術的細目、加工事業等線量限度告示＝核燃料物質の加工の事業に関する規則等の規定に基づき、線量限度等を定める告示)

(6) 放射性廃棄物の埋設の事業の安全規制

　原子炉等規制法第51条の2第1項により、廃棄物埋設の事業を行おうとする者は、次のような第一種廃棄物埋設と第二種廃棄物埋設の2種類の区別に従って、経済産業大臣の許可を受けなければならないとされています。放射性廃棄物の埋設の事業の規制は、原子炉等規制法の下で原子炉等規制法施行令や「核燃料物質又は核燃料物質によって汚染された物の第一種廃棄物埋設の事業に関する規則」(以下「第一種規則」とい

います。)と「核燃料物質又は核燃料物質によつて汚染された物の第二種廃棄物埋設の事業に関する規則」(以下「第二種規則」といいます。)によって、詳細な規制の内容が規定されています。

(a) 第一種廃棄物埋設(同法第51条の2第1項第1号):核燃料物質又は核燃料物質によって汚染された物であって、これらに含まれる政令で定める放射性物質についての放射能濃度が人の健康に重大な影響を及ぼすおそれがあるものとして当該放射性物質の種類ごとに政令で定める基準を超えるものの埋設の方法による最終的な処分をいいます。ここで原子炉等規制法施行令第31条で定める基準は次のようになっていて、この基準を超える放射性廃棄物の埋設処分は第一種廃棄物埋設になります。

放射性物質	放射能濃度
炭素14	10ペタベクレル／トン
塩素36	10テラベクレル／トン
テクネチウム99	100テラベクレル／トン
よう素129	1テラベクレル／トン
アルファ線を放出する放射性物質	100ギガベクレル／トン

(b) 第二種廃棄物埋設(同法第51条の2第1項第2号):核燃料物質又は核燃料物質によって汚染された物であって、(a)に規定するもの以外のものの埋設の方法による最終的な処分をいいます。

高レベル放射性廃棄物の最終処分については、「特定放射性廃棄物の最終処分に関する法律」(平成12年6月7日法律第117号)が制定されています。特定放射性廃棄物とは高レベル放射性廃棄物を指しています(同法第2条の定義)。この法律の目的は、同法第1条で「発電に関する原子力の適正な利用に資するため、発電用原子炉の運転に伴って生じた使用済燃料の再処理等を行った後に生ずる特定放射性廃棄物の最終処分を計画的かつ確実に実施させるために必要な措置等を講ずることにより、発電に関する原子力に係る環境の整備を図り、もって国民経済の健全な発展と国民生活の安定に寄与することを目的とする。」とされている通り、特定放射性廃棄物の最終処分を計画的かつ確実に実施させるために必要な措置等を講ずることが目的となっています。この法律では、原子

力発電環境整備機構が行うとされる「概要調査地区の選定」（同法第6条）、「精密調査地区の選定」（同法第7条）、「最終処分施設建設地の選定」（同法第8条）、「最終処分施設の設置」（同法第9条）等の手順が規定されています。

特定放射性廃棄物の最終処分の安全の確保の規制については、同法第20条により、同機構が最終処分業務等を行う場合についての安全の確保のための規制については、別に法律で定めるところによるとされ、事業の進展に応じて、別に法律で定めることが規定されています。これを受け、2007年（平成19年）に原子炉等規制法が改正されて、第一種廃棄物の埋設の事業として、高レベル放射性廃棄物の地層処分の安全規制の枠組みが整備されました。

第二種廃棄物埋設としては、日本原燃(株)が青森県六ヶ所村で原子力発電所から発生する低レベル放射性廃棄物の浅地中処分埋設（コンクリートピット型）を行っているものと、日本原子力研究開発機構が茨城県東海村で動力試験炉（JPDR）解体廃棄物のうちの極低レベル放射性廃棄物の浅地中処分埋設（素掘トレンチ型）を行っているものがあります。以下、第一種廃棄物埋設と第二種廃棄物埋設についての規制をみていきます。

(i) 計画・設計段階

上述のように原子炉等規制法第51条の2第1項により、第一種廃棄物埋設又は第二種廃棄物埋設を行おうとする者は、経済産業大臣の許可を受けなければなりません。同条第2項により、この事業の許可を受けようとする者は、廃棄物埋設施設の位置、構造及び設備並びに廃棄の方法などを記載した申請書を経済産業大臣に提出しなければならないとされ、その申請書に基づき経済産業大臣の審査が行われることになります。同法第51条の3第1項は許可の基準を示しており、(イ)その許可をすることによって原子力の開発及び利用の計画的な遂行に支障を及ぼすおそれがないこと、(ロ)その事業を適確に遂行するに足りる技術的能力及び経理的基礎があること、(ハ)廃棄物埋設施設の位置、構造及び設備が核燃料物質又は核燃料物質によって汚染された物による災害の防止上支障がないものであることの3点になっています。廃棄物埋設は平和目的であることは自明ですので、ここでは平和利用確保は基準の中に入っていません。

同条第2項では、経済産業大臣は許可をする場合においては、あらかじめ(イ)の計画的遂行と(ロ)の中の経理的基礎については原子力委員会の意見を聴き、(ロ)の中の技術的能力と(ハ)の安全性については原子力安全委員会の意見を聴くことが求められています。(ハ)の安全性の確認については、事業者は事業許可申請書の中に廃棄物埋設施設の安全性に関する基本設計を含めて提出し、国はこの基本設計に対して安全審査を行うことになります。

　第一種廃棄物埋設事業者は、基本設計に基づく詳細設計について国の認可を受けることが必要になります。同法第51条の7第1項により、第一種廃棄物埋設事業者は、政令で定める第一種廃棄物埋設の事業に係る廃棄物埋設施設（以下「特定廃棄物埋設施設」という。）の工事に着手する前に、特定廃棄物埋設施設に関する設計及び工事の方法について経済産業大臣の認可を受けなければならないとされ、第一種廃棄物埋設施設のうち特定廃棄物埋設施設については、建設の工事に入る前に設計及び工事の方法について国の認可を受けるべきことが規定されています。原子炉等規制法施行令第34条第1項により、特定廃棄物埋設施設は、廃棄物受入れ施設、廃棄物取扱施設、計測制御系統施設及び放射線管理施設並びに廃棄物埋設地の附属施設で経済産業省令で定めるもの（第一種規則第14条により、廃棄施設と非常用電源設備）と定義されています。国は、この詳細設計に対して審査を行った上で認可することになります。設計及び工事の方法の認可の基準は同法第51条の7第3項に示されており、(イ)許可を受けた基本設計に基づいていることと、(ロ)経済産業省令で定める技術上の基準に適合することの2点になっています。(ロ)の技術上の基準については、「特定廃棄物埋設施設又は特定廃棄物管理施設の設計及び工事の方法の技術基準に関する規則」に示されています。なお、第二種廃棄物埋設の事業については、設計及び工事の方法の認可を受けることは求められていません。

(ii)　建設段階

　廃棄物埋設事業に係る建設段階での規制、すなわち運転を開始するまでに行われる規制は、大きく建設の進捗に伴う検査と運転開始前に必要な諸規定等の整備の2つがあります。これらについて主要なものを取りあげます。

(イ) 検査関係
○ ［埋設施設の確認］（適用は第一種及び第二種）同法第51条の６第１項により、廃棄物埋設事業者は、その廃棄物埋設施設（第一種廃棄物埋設の事業に係る廃棄物埋設施設にあっては、特定廃棄物埋設施設を除く。）及びこれに関する保安のための措置が経済産業省令で定める技術上の基準に適合することについて、経済産業大臣の確認を受けなければならないとされ、第一種廃棄物埋設施設の特定廃棄物埋設施設を除いた施設と、第二種廃棄物埋設施設については埋設施設の確認を受けることが求められています。第一種廃棄物埋設と第二種廃棄物埋設のそれぞれについて技術上の基準が示されており、第一種廃棄物埋設では、例えば「坑道は、許可申請書等に記載したところによるものであること。」（第一種規則第７条第２号）などが示され、第二種廃棄物埋設では、例えば「コンクリート等廃棄物を埋設する場合において、廃棄物埋設地の外に放射性物質が飛散するおそれがあるときは、飛散防止のための措置を講ずること。」（第二種規則第６条第１項第３号）などが示されています。

○ ［使用前検査］（適用は第一種のみ）同法第51条の８第１項により、第一種廃棄物埋設事業者は、特定廃棄物埋設施設の工事及び性能について経済産業大臣の検査を受け、これに合格した後でなければ、特定廃棄物埋設施設を使用してはならないとされ、特定廃棄物埋設施設の使用前に経済産業大臣の使用前検査に合格することが義務づけられています。

○ ［溶接検査］（適用は第一種のみ）同法第51条の９第１項により、核燃料物質又は核燃料物質によって汚染された物の廃液槽その他の経済産業省令で定める特定廃棄物埋設施設であって溶接をするものについては、その溶接につき経済産業大臣の検査を受け、これに合格した後でなければ、第一種廃棄物埋設事業者は、これを使用してはならないとされ、溶接をする施設で省令で定めるものについては、特定廃棄物埋設施設の使用前に経済産業大臣の溶接検査に合格することが義務づけられています。溶接の技術基準については、「加工施設、再処理施設、特定廃棄物埋設施設及び特定廃棄物管理施設の溶接の技術基準に関する規則」に示されています。

○［溶接の方法の認可］（適用は第一種のみ）同法第51条の９第２項により、溶接検査を受けようとする者は、その溶接の方法について経済産業大臣の認可を受けなければならないとされ、溶接の方法について経済産業大臣の認可を受けた上で溶接検査を受けることが義務づけられています。

㈹　規定等整備関係

○［保安規定の認可］（適用は第一種及び第二種）同法第51条の18第１項により、廃棄物埋設事業者は、保安規定を定め、事業開始前に、経済産業大臣の認可を受けなければならないとされ、廃棄物埋設施設の安全な運転を行うために保安規定を定めて、経済産業大臣の認可を受けることが義務づけられています。

○［廃棄物取扱主任者の選任の届出］（適用は第一種及び第二種）同法第51条の20により、廃棄物埋設事業者は、核燃料物質又は核燃料物質によって汚染された物の取扱いに関して保安の監督を行わせるため、核燃料取扱主任者免状を有する者その他の経済産業省令で定める資格を有する者のうちから、廃棄物取扱主任者を選任すること、また廃棄物取扱主任者を選任したときは、その旨を経済産業大臣に届け出ることが義務づけられています。

○［核物質防護規定の認可］（適用は第一種及び第二種）同法第51条の23第１項により、廃棄物埋設事業者は、特定核燃料物質の防護のための核物質防護規定を定め、特定核燃料物質の取扱いを開始する前に、経済産業大臣の認可を受けることが義務づけられています。

○［核物質防護管理者の選任の届出］（適用は第一種及び第二種）同法第51条の24により、廃棄物埋設事業者は、特定核燃料物質の防護に関する業務を統一的に管理させるため、特定核燃料物質の取扱い等の知識等について経済産業省令で定める要件を備える者のうちから、核物質防護管理者を選任すること、また核物質防護管理者を選任したときは、その旨を経済産業大臣に届け出ることが義務づけられています。

○［国際規制物資の廃棄の届出］（適用は第一種及び第二種）同法第61条の３第６項により、廃棄物埋設事業者が国際規制物資を廃棄しようとする場合には、あらかじめ、その廃棄する国際規制物資の種

類及び数量並びに予定される廃棄の期間を文部科学大臣に届け出なければならないとされ、国際規制物資としての放射性廃棄物の埋設の数量等を文部科学大臣に届け出ることが義務づけられています。
- ［計量管理規定の認可］（適用は第一種及び第二種）同法第61条の8第1項により、国際規制物資使用者等は、国際規制物資の適正な計量及び管理を確保するため、計量管理規定を定め、国際規制物資の使用開始前に、文部科学大臣の認可を受けなければならないとされ、廃棄物埋設事業者は国際規制物資使用者等に該当するので、この計量管理規定を定めて文部科学大臣の認可を受けることが義務づけられています。

(iii) 運転段階

運転段階では同法第51条の11により、廃棄物埋設事業者が事業を開始したときは、経済産業大臣に事業開始を届け出ることが義務づけられています。運転段階の規制等は、大きく施設の運転に係る各種の検査と廃棄物管理事業者が遵守するべき義務等の2つがあります。これらについて主要なものを取りあげます。

(イ) 検査関係

- ［埋設廃棄体の確認］（適用は第一種及び第二種）同法第51条の6第2項により、廃棄物埋設事業者は、廃棄物埋設を行う場合においては、埋設しようとする核燃料物質又は核燃料物質によって汚染された物及びこれに関連する保安のための措置が経済産業省令で定める技術上の基準に適合することについて、経済産業大臣の確認を受けなければならないとされ、埋設廃棄体について経済産業大臣の確認を受けることが求められています。第一種廃棄物埋設と第二種廃棄物埋設のそれぞれについて技術上の基準が示されています。第一種廃棄物埋設では、例えば当該廃棄体について「放射能濃度が許可申請書等に記載した最大放射能濃度を超えないこと。」（第一種規則第12条第2号）などが示されています。第二種廃棄物埋設では、余裕深度処分、ピット処分とトレンチ処分に分けて技術上の基準が示されており、例えばピット処分の場合は、「埋設しようとする放射性廃棄物が原子炉施設を設置した工場又は事業所において生じたものであること。」（第二種規則第8条第1項第2号）などが示されて

います。
○［施設定期検査］（適用は第一種のみ）同法第51条の10第１項により、第一種廃棄物埋設事業者は、特定廃棄物埋設施設のうち政令で定めるものの性能について、一年以上であって経済産業省令で定める期間ごとに経済産業大臣が行う検査を受けなければならないとされ、特定廃棄物埋設施設については経済産業大臣による施設定期検査を受けることが義務づけられています。第一種規則第35条で定める期間は１年となっています。
○［保安検査］（適用は第一種及び第二種）同法第51条の18第５項により、廃棄物埋設事業者は、保安規定の遵守の状況について、経済産業大臣が定期に行う検査を受けなければならないとされ、保安規定の遵守の状況について経済産業大臣が行う保安検査を受けることが義務づけられています。第一種規則第64条と第二種規則第20条の２により、この保安検査は年４回行われることになっています。
○［核物質防護検査と保障措置検査］（適用は第一種及び第二種）同法第51条の23第２項と同法第61条の８の２により、廃棄物埋設事業者は、経済産業大臣の行う核物質防護検査と文部科学大臣の行う保障措置検査をそれぞれ受けなければなりません。これらの詳細については第Ⅵ章でみることにします。
○［立入検査］（適用は第一種及び第二種）同法第68条により、経済産業大臣は、この法律の施行に必要な限度において、その職員に、原子力事業者等の事務所又は工場若しくは事業所に立ち入り、帳簿、書類その他必要な物件を検査させ、関係者に質問させ、又は試験のため必要な最小限度の量に限り、核原料物質、核燃料物質その他の必要な試料を収去させることができるとされ、経済産業省の職員が必要な限度内で立入検査ができることになっています。
㈠　遵守するべき義務等
○［保安のために講ずべき措置］（適用は第一種及び第二種）同法第51条の16第１項により、第一種廃棄物埋設事業者は、①廃棄物埋設施設の保全、②廃棄物埋設地の附属施設に係る設備の操作、③核燃料物質又は核燃料物質によって汚染された物の運搬又は廃棄について、保安のために必要な措置を講じなければならないとされ、第一

種廃棄物埋設施設の運転段階において保安のために講ずべき措置が求められています。また同法第51条の16第2項により、第二種廃棄物埋設事業者は、①廃棄物埋設施設の保全、②核燃料物質によって汚染された物の運搬又は廃棄について、核燃料物質又は核燃料物質によって汚染された物の放射能の減衰に応じて、保安のために必要な措置を講じなければならないとされ、第二種廃棄物埋設施設の運転段階において保安のために講ずべき措置が求められています。

　講ずべき措置の具体的な内容は、第一種規則及び第二種規則に規定されており、次の通りです。

①　品質保証（第一種規則第46条から第52条まで、第二種規則第13条の3から第13条の9まで）

　保安のために必要な措置を講じるに当たって品質保証計画を定め、これに基づき保安活動の計画、実施、評価及び改善を行う（PDCAサイクルを回す。）ことが規定されており、事業者の保安の活動に品質保証が求められています。

②　作業手順書等の遵守（第一種規則第52条の2、第二種規則第13条の10）

　保安規定の遵守のみならず、保安規定に基づく要領書、作業手順書その他保安に関する文書（作業手順書等）を定めて、これらを遵守することが求められています。

③　管理区域への立入制限等（第一種規則第53条、第二種規則第14条）

　管理区域及び周辺監視区域を定めて、立入制限等の措置を講じることが求められています。

④　線量等に関する措置（第一種規則第54条、第二種規則第15条）

　放射線業務従事者の線量が経済産業大臣の定める線量限度を超えないようにすることなどが求められています。この線量限度等は、「核燃料物質の加工の事業に関する規則等の規定に基づき、線量限度等を定める告示」に示されています。

⑤　廃棄物埋設施設の巡視及び点検（第一種規則第55条、第二種規則第16条）

　毎週1回以上、廃棄物埋設施設の巡視及び点検を行うことな

どが求められています。

⑥ 廃棄物埋設地の保全（第一種規則第56条、第二種規則第17条）
　　埋設の終了した廃棄物埋設地の保全に関し、埋設保全区域を定め、当該埋設保全区域については、標識を設ける等の方法によって明らかに他の場所と区別することや廃棄物埋設地の現状を保全するための措置を講ずることなどが求められています。

⑦ 廃棄物埋設施設の施設定期自主検査（第一種規則第57条）
　　第一種廃棄物埋設事業者自身が特定廃棄物埋設施設の性能が技術上の基準に適合しているかどうかについての検査を1年ごとに行うことなどが求められています。

⑧ 廃棄物埋設施設の定期的な評価等（定期被ばく管理評価）（第一種規則第58条）
　　第一種廃棄物埋設事業者に対して、事業の許可を受けた日から20年を超えない期間ごとに最新の技術的知見を踏まえて、核燃料物質等による放射線の被ばく管理に関する評価を行うことと、この評価の結果を踏まえて廃棄物埋設施設の保全のために必要な措置を講ずることが求められています。

⑨ 廃棄物埋設地の附属施設に係る設備の操作（第一種規則第59条）
　　第一種廃棄物埋設事業者に対して、非常の場合に採るべき処置を定め、これを操作員に守らせることなどの廃棄物埋設地の附属施設に係る設備の操作に関する措置を採ることが求められています。

⑩ 事業所内の運搬（第一種規則第60条、第二種規則第18条）
　　核燃料物質等を運搬する場合は、容器に封入することなどの事業所内の核燃料物質等の運搬に関する措置が求められています。

⑪ 事業所内の廃棄（第一種規則第61条、第二種規則第19条）
　　事業所内において行われる放射性廃棄物の廃棄に関して必要な措置を採ることが求められています。

　以上のように、同法第51条の16第1項及び第2項が求めている保安のために講ずべき措置の内容は多岐にわたっていますが、特に近年、上記

の①にある通り、品質保証の確保の取組みや、また第一種廃棄物埋設事業については、⑦や⑧にあるように施設定期自主検査を行うことや許可から20年を超えない期間ごとに定期被ばく管理評価を行うことなどが求められるようになりました。

○ ［特定核燃料物質の防護のために講ずべき措置］（適用は第一種及び第二種）同法第51条の16第4項により、廃棄物埋設事業者は、特定核燃料物質を取り扱う場合で政令で定める場合には、防護措置を講じなければならないとされています。

(iv) **坑道閉鎖・事業廃止の段階**

第一種廃棄物埋設事業については、事業の廃止に先立つ坑道の閉鎖の段階で閉鎖措置計画を策定して国の認可を得て、その計画に従って坑道の閉鎖措置を進めていることについて国の確認を受けることが求められています。

○ ［坑道閉鎖］（適用は第一種のみ）同法第51条の24の2第1項により、第一種廃棄物埋設事業者は、坑道を閉鎖しようとするときは、あらかじめ、当該坑道について、坑道の埋戻し及び坑口の閉塞その他の経済産業省令で定める措置（以下「閉鎖措置」という。）に関する計画（以下「閉鎖措置計画」という。）を定め、経済産業大臣の認可を受けなければならないとされています。そして、同条第2項により、第一種廃棄物埋設事業者は、その講じた閉鎖措置が認可を受けた閉鎖措置計画に従って行われていることについて、経済産業省令で定める坑道の閉鎖の工程ごとに、経済産業大臣が行う確認を受けなければならないとされています。

○ ［事業の廃止］（適用は第一種及び第二種）廃止段階は、同法第51条の25第1項により、廃棄物埋設事業者は、その事業を廃止しようとするときは、廃棄物管理施設の解体、核燃料物質による汚染の除去、核燃料物質によって汚染された物の廃棄その他の経済産業省令で定める廃止措置を講ずることが求められています。また同条第2項により、廃棄物埋設事業者は、廃止措置を講じようとするときは、あらかじめ廃止措置計画を定めて経済産業大臣の認可を受けるべきことが規定されています。さらに廃止の作業を行っているときの保安の確保のために、保安規定を変更することになります。このよう

にして廃止の作業に入りますが、第一種廃棄物埋設については、閉鎖措置対象又は廃止措置対象となる特定廃棄物埋設施設内に放射性廃棄物が存在する場合は施設定期検査が行われることになります（第一種規則第34条）。保安規定の遵守状況の調査、すなわち保安検査については、廃止措置計画の認可を受けたときは、廃止措置の実施状況に応じ、毎年4回以内行われることになります（第一種規則第64条及び第二種規則第20条の2）。廃止のための作業が進み、終了段階になりますと、同法第51条の25第3項により、廃棄物埋設事業者は、廃止措置が終了したときは、その結果が経済産業省令で定める基準に適合していることについて、経済産業大臣の確認を受けなければならないとされ、その確認を受けたときは、同法第51条の2第1項による廃棄物埋設の事業の許可は、その効力を失うことになります。

（放射性廃棄物の埋設の事業に関する規制等のまとめ）

（注：[原]は原子炉等規制法を指す。）

事業の段階	規制の内容	該当条文	政令、規則等
(1)定義	第一種廃棄物埋設、第二種廃棄物埋設	[原]第51条の2第1項第1号、第2号	原子炉等規制法施行令第31条
	第一種廃棄物埋設施設のうちの特定廃棄物埋設施設	[原]第51条の7第1項	原子炉等規制法施行令第34条第1項、第一種規則第14条
(2)計画・設計段階	廃棄物埋設の事業の許可	[原]第51条の2	原子炉等規制法施行令第30条 ①第一種規則第3条 ②第二種規則第2条
	許可の基準	[原]第51条の3	
	変更の許可及び届出	[原]第51条の5	原子炉等規制法施行令第33条 ①第一種規則第4条

事業の段階	規制の内容	該当条文	政令、規則等
			②第二種規則第3条
	設計及び工事の方法の認可	[原]第51条の7	①第一種廃棄物埋設施設のうち特定廃棄物埋設施設が対象 ②第一種規則第15条～第17条 ③技術基準については廃棄物埋設施設等設工規則
(3)建設段階	埋設施設の確認	[原]第51条の6 第1項、第3項、第4項	①第一種廃棄物埋設施設(特定廃棄物埋設施設を除く。)と第二種廃棄物埋設施設が対象 ②第一種規則第5条～第10条 ③第二種規則第4条～第6条の4
	使用前検査	[原]第51条の8	①第一種廃棄物埋設施設のうち特定廃棄物埋設施設が対象 ②第一種規則第18条～第24条
	溶接の方法の認可	[原]第51条の9 第2項	①第一種廃棄物埋設施設のうち特定廃棄物埋設施設が対象 ②第一種規則第29条
	溶接検査	[原]第51条の9 第1項、第3項 ～第5項	①第一種廃棄物埋設施設のうち特定廃棄物埋設施設が対象 ②第一種規則第25条～第28条、第30条、第31条 ③溶接の技術基準

事業の段階	規制の内容	該当条文	政令、規則等
			については加工施設等溶接規則
	保安規定の認可	[原]第51条の18第1項	①第一種規則第63条 ②第二種規則第20条
	廃棄物取扱主任者の選任の届出	[原]第51条の20	①第一種規則第66条 ②第二種規則第22条
	核物質防護規定の認可	[原]第51条の23第1項	①第一種規則第67条 ②第二種規則第22条の2
	核物質防護管理者の選任の届出	[原]第51条の24	①第一種規則第69条、第70条 ②第二種規則第22条の4、第22条の5
	国際規制物資の廃棄の届出	[原]第61条の3第6項	国規物規則第1条の5
	計量管理規定の認可	[原]第61条の8	国規物規則第4条の2の2
(4)運転段階	事業開始の届出	[原]第51条の11	
	埋設廃棄体の確認	[原]第51条の6第2項	①第一種規則第11条〜第13条 ②第二種規則第7条〜第9条
	施設定期検査	[原]第51条の10	①第一種廃棄物埋設施設のうち特定廃棄物埋設施設が対象 ②原子炉等規制法施行令第35条、第一種規則第32条〜第40条
	記録の作成保管	[原]第51条の15	①第一種規則第44

145

事業の段階	規制の内容	該当条文	政令、規則等
			条、第45条 ②第二種規則第13条、第13条の2
	保安のために講ずべき措置	[原]第51条の16第1項（第一種）、第2項（第二種）	
	・品質保証	同上	①第一種規則第46条〜第52条 ②第二種規則第13条の3〜第13条の9
	・作業手順書等の遵守	同上	①第一種規則第52条の2 ②第二種規則第13条の10
	・管理区域への立入制限等	同上	①第一種規則第53条 ②第二種規則第14条
	・線量等に関する措置	同上	①第一種規則第54条 ②第二種規則第15条 ③加工事業等線量限度告示
	・廃棄物埋設施設の巡視及び点検	同上	①第一種規則第55条 ②第二種規則第16条
	・廃棄物埋設地の保全	同上	①第一種規則第56条 ②第二種規則第17条
	・廃棄物埋設施設の施設定期自主検査	同上	①第一廃棄物事業者が対象 ②第一種規則第57条

事業の段階	規制の内容	該当条文	政令、規則等
	・廃棄物埋設施設の定期的な評価等（定期被ばく管理評価）	同上	①第一種廃棄物事業者が対象 ②第一種規則第58条
	・廃棄物埋設地の附属施設に係る設備の操作	同上	①第一種廃棄物事業者が対象 ②第一種規則第59条
	・事業所内の運搬	同上	①第一種規則第60条 ②第二種規則第18条
	・事業所内の廃棄	同上	①第一種規則第61条 ②第二種規則第19条
	特定核燃料物質の防護のために講ずべき措置	［原］第51条の16第4項	原子炉等規制法施行令第36条 ①第一種規則第62条 ②第二種規則第19条の3
	保安検査	［原］第51条の18第5項	①第一種規則第64条 ②第二種規則第20条の2
	核物質防護検査	［原］第51条の23第2項	①第一種規則第68条 ②第二種規則第22条の3
	保障措置検査	［原］第61条の8の2	国規物規則第4条の2の3
	主務大臣等への報告	［原］第62条の3	①第一種規則第89条 ②第二種規則第22条の17
	警察官等への届出	［原］第63条	

事業の段階	規制の内容	該当条文	政令、規則等
	危険時の措置	[原]第64条	①第一種規則第90条 ②第二種規則第23条
	報告徴収	[原]第67条	①第一種規則第91条 ②第二種規則第27条
	立入検査	[原]第68条	
	許可の取消し等	[原]第51条の14	
(5)坑道閉鎖・事業廃止の段階	坑道の閉鎖措置計画の認可等	[原]第51条の24の2第1項、第3項	①第一種廃棄物埋設事業者が対象 ②第一種規則第71条、第73条～第75条、第77条
	坑道の閉鎖措置の確認	[原]第51条の24の2第2項	①第一種廃棄物埋設事業者が対象 ②第一種規則第72条、第76条
	廃止措置計画の認可等	[原]第51条の25	①第一種規則第78条～第82条 ②第二種規則第22条の6～第22条の10
	保安規定の変更認可	[原]第51条の18第1項	①第一種規則第63条第2項 ②第二種規則第20条第2項
	保安検査	[原]第51条の18第5項	①第一種規則第64条 ②第二種規則第20条の2
	施設定期検査	[原]第51条の10	①第一種廃棄物事業者が対象 ②第一種規則第34条
	クリアランス制度	[原]第61条の2	放射能濃度確認規則
	クリアランスの確認について主務大臣から環境大	[原]第72条の2の2	

事業の段階	規制の内容	該当条文	政令、規則等
	臣に連絡		
	廃止措置の終了に対する確認	［原］第51条の25第3項	①第一種規則第83条、第84条 ②第二種規則第22条の11、第22条の12

（原子炉等規制法施行令＝核原料物質、核燃料物質及び原子炉の規制に関する法律施行令、第一種規則＝核燃料物質又は核燃料物質によって汚染された物の第一種廃棄物埋設の事業に関する規則、第二種規則＝核燃料物質又は核燃料物質によって汚染された物の第二種廃棄物埋設の事業に関する規則、廃棄物埋設施設等設工規則＝特定廃棄物埋設施設又は特定廃棄物管理施設の設計及び工事の方法の技術基準に関する規則、加工施設等溶接規則＝加工施設、再処理施設、特定廃棄物埋設施設及び特定廃棄物管理施設の溶接の技術基準に関する規則、国規物規則＝国際規制物資の使用等に関する規則、放射能濃度確認規則＝核原料物質、核燃料物質及び原子炉の規制に関する法律第61条の2第4項に規定する製錬事業者等における工場等において用いた資材その他の物に含まれる放射性物質の放射能濃度についての確認等に関する規則、加工事業等線量限度告示＝核燃料物質の加工の事業に関する規則等の規定に基づき、線量限度等を定める告示）

4 核燃料物質・核原料物質の使用の安全規制

(1) 核燃料物質の使用の許可

　原子炉等規制法第52条第1項により、核燃料物質を使用しようとする者は、政令で定めるところにより、文部科学大臣の許可を受けなければならないとされていますが、製錬事業者が核燃料物質を製錬の事業の用に供する場合、加工事業者が核燃料物質を加工の事業の用に供する場合、原子炉設置者及び外国原子力船運航者が核燃料物質を原子炉に燃料として使用する場合、再処理事業者が核燃料物質を再処理の事業の用に供する場合並びに政令で定める種類及び数量の核燃料物質を使用する場合は核燃料物質の使用の許可を受けることは求められていません。すなわち、核燃料物質を製錬、加工、原子炉及び再処理に用いる場合は、改

149

めて核燃料物質の使用の許可を受けることは求められていませんが、その他の場合で一定の種類と数量の核燃料物質を使用しようとする場合には、核燃料物質の使用の許可を受けることが必要になります。

　核燃料物質の使用の規制は、原子炉等規制法の下で原子炉等規制法施行令や「核燃料物質の使用等に関する規則」（以下「使用規則」といいます。）によって、詳細な規制の内容が規定されています。原子炉等規制法施行令第39条には、上述の核燃料物質の使用の許可をとる必要のないものとして、ウラン235のウラン238に対する比率が天然の混合率であるウラン及びその化合物についてはウランの量が300グラム以下のもの、ウラン235のウラン238に対する比率が天然の混合率に達しないウラン及びその化合物についてはウランの量が300グラム以下のもの、トリウム及びその化合物についてはトリウムの量が900グラム以下のものなどが示されています。すなわち、これらに該当しない核燃料物質、例えば天然ウランを使用する場合でウランの量が300グラムを超えるようなときには、核燃料物質の使用の許可が必要になります。また、プルトニウムについては、その量の多少にかかわらず核燃料物質の使用の許可が必要になります。このようなことから、核燃料物質の使用の許可が必要なものについてまとめますと次のようになります。

（核燃料物質の使用の許可をとる必要のあるもの）

核燃料物質の種類	数量
天然ウラン	ウランの量が300グラムを超えるもの
劣化ウラン（ウラン235のウラン238に対する比率が天然の混合率に達しないもの）	ウランの量が300グラムを超えるもの
トリウム	トリウムの量が900グラムを超えるもの
プルトニウム	量の多少にかかわらず全て
濃縮ウラン	量の多少にかかわらず全て
ウラン233	量の多少にかかわらず全て

　同法第53条は許可の基準を示しており、(イ)核燃料物質が平和の目的以

外に利用されるおそれがないこと、㈡その許可をすることによって原子力の研究、開発及び利用の計画的な遂行に支障を及ぼすおそれがないこと、㈢使用施設、貯蔵施設又は廃棄施設（以下「使用施設等」といいます。）の位置、構造及び設備が核燃料物質又は核燃料物質によって汚染された物による災害の防止上支障がないものであること、㈣核燃料物質の使用を適確に行なうに足りる技術的能力があることの４点になっています。

　核燃料物質の使用の許可が必要になるこれらの中でも、さらに原子炉等規制法施行令第41条で次のように定められる核燃料物質については、施設検査（同法第55条の２）、溶接検査（同法第55条の３）、保安規定の認可（同法第56条の３第１項）、保安検査（同法第56条の３第５項）などの厳格な規制が課せられることになります。原子炉等規制法施行令第41条で定められる核燃料物質をまとめますと次のようになります。

（原子炉等規制法施行令第41条で定められる核燃料物質の使用において施設検査等の厳格な規制が課せられるもの）

核燃料物質の種類	数量等
プルトニウム	プルトニウムの量が１グラム以上のもの（ただし、密封されたものにあっては、450グラム以上のもの）
使用済燃料	3.7テラベクレル以上のもの
ウラン233	ウラン233の量が500グラム以上のもの
濃縮ウラン（濃縮度が５％未満）	ウラン235の量が1200グラム以上のもの
濃縮ウラン（濃縮度が５％以上）	ウラン235の量が700グラム以上のもの
六ふっ化ウラン	ウランの量が１トン以上のもの
その他のウラン（液体状のもの）	ウランの量が３トン以上のもの

　防護対象特定核燃料物質を取り扱う場合は、核物質防護規定の認可（同法第57条の２第１項）や核物質防護検査（同法第57条の２第２項）の規制が課せられます。また、核燃料物質の使用については、国際規制物資に係る計量管理規定の認可（同法第61条の８）や保障措置検査（同法第61条の８の２）、廃止措置計画の認可（同法第57条の６第１項、第２項）

や廃止措置終了に対する確認（同法第57条の6第3項）などの規制が課せられます。

（核燃料物質の使用に関する規制等のまとめ）
（注：[原]は原子炉等規制法を指す。）

事業の段階	規制の内容	該当条文	政令、規則等
(1)定義	使用の許可を要しない核燃料物質の種類及び数量	[原]第52条第1項第5号	原子炉等規制法施行令第39条
	施設検査等を要する核燃料物質	[原]第55条の2第1項、第56条の3第1項	原子炉等規制法施行令第41条
(2)計画・設計段階	核燃料物質の使用の許可	[原]第52条	原子炉等規制法施行令第38条、使用規則第1条の2
	許可の基準	[原]第53条	
	変更の許可及び届出	[原]第55条	原子炉等規制法施行令第40条、使用規則第2条
(3)建設段階	施設検査	[原]第55条の2	①原子炉等規制法施行令第41条該当のみ ②使用規則第2条の2〜第2条の5
	溶接検査	[原]第55条の3	①原子炉等規制法施行令第41条該当のみ ②使用規則第2条の6〜第2条の10 ③溶接の技術基準については使用施設溶接規則
	保安規定の認可	[原]第56条の3第1項	①原子炉等規制法施行令第41条該当のみ ②使用規則第2条の12
	核物質防護規定の認可	[原]第57条の2第1項	原子炉等規制法施行令第42条、使用

事業の段階	規制の内容	該当条文	政令、規則等
			規則第3条の4
	核物質防護管理者の選任の届出	[原]第57条の3	原子炉等規制法施行令第42条、使用規則第3条の5、第3条の6
	国際規制物資の使用の届出	[原]第61条の3第4項	国規物規則第1条の3
	計量管理規定の認可	[原]第61条の8	国規物規則第4条の2の2
(4)運転段階	記録の作成保管	[原]第56条の2	使用規則第2条の11、第2条の11の2
	保安検査	[原]第56条の3第5項	①原子炉等規制法施行令第41条該当のみ ②使用規則第2条の13
	使用及び貯蔵の基準	[原]第57条第1項	使用規則第3条、第3条の2
	防護措置	[原]第57条第2項、第3項	原子炉等規制法施行令第42条、使用規則第3条の3
	廃棄の基準	[原]第57条の4	使用規則第4条
	運搬の基準	[原]第57条の5	使用規則第5条
	核物質防護検査	[原]第57条の2第2項	原子炉等規制法施行令第42条、使用規則第3条の4の2
	保障措置検査	[原]第61条の8の2	国規物規則第4条の2の3
	事業所外廃棄に関する確認等	[原]第58条	原子炉等規制法施行令第46条、外廃棄規則第3条〜第5条、外廃棄措置告示

事業の段階	規制の内容	該当条文	政令、規則等
	主務大臣等への報告	［原］第62条の3	使用規則第6条の10
	警察官等への届出	［原］第63条	
	危険時の措置	［原］第64条	使用規則第8条
	報告徴収	［原］第67条	使用規則第7条(放射線管理報告は原子炉等規制法施行令第41条該当のみ)
	立入検査	［原］第68条	
	許可の取消し等	［原］第56条	
(5)廃止段階	廃止措置計画の認可	［原］第57条の6第1項、第2項	使用規則第6条～第6条の5
	廃止措置の終了に対する確認	［原］第57条の6第3項	使用規則第6条の6、第6条の7

(原子炉等規制法施行令＝核原料物質、核燃料物質及び原子炉の規制に関する法律施行令、使用規則＝核燃料物質の使用等に関する規則、使用施設溶接規則＝使用施設等の溶接の技術基準に関する規則、国規物規則＝国際規制物資の使用等に関する規則、外廃棄規則＝核燃料物質等の工場又は事業所の外における廃棄に関する規則、外廃棄措置告示＝核燃料物質等の工場又は事業所の外における廃棄に関する措置等に係る技術的細目)

(2) 核原料物質の使用の届出

　核原料物質の規制は、原子炉等規制法の下で原子炉等規制法施行令や「核原料物質の使用に関する規則」(以下「核原料使用規則」といいます。)によって、詳細な規制の内容が規定されています。

　同法第57条の8第1項により、核原料物質を使用しようとする者は、あらかじめ文部科学大臣に届け出なければならないとされていますが、製錬事業者が核原料物質を製錬の事業の用に供する場合、国際規制物資の使用の許可を受けた者が国際規制物資である核原料物質を当該許可を受けた使用の目的に使用する場合及び放射能濃度又は含有するウラン若しくはトリウムの数量が原子炉等規制法施行令第44条で定める限度を超えない核原料物質を使用する場合については核原料物質の使用の届出は

必要ないとされています。このことから、次の限度を超えるものについて、核原料物質の使用の届出が必要になります。

①放射能濃度については、74ベクレル／グラム（固体状の核原料物質にあっては370ベクレル／グラム）が限度。
②ウラン又はトリウムの数量については、ウランの量に3を乗じて得られる数量及びトリウムの量を合計した数量で900グラムが限度。

核原料物質の使用の届出をしたものについては、技術上の基準の遵守（同法第57条の8第4項）、記録の作成保管（同法第57条の8第6項）、使用の廃止の届出（同法第57条の8第7項）などが義務づけられています。

（核原料物質の使用に関する規制等のまとめ）

(注：[原]は原子炉等規制法を指す。)

事業の段階	規制の内容	該当条文	政令、規則等
(1)定義	使用の届出を要しない核原料物質の放射能濃度等の限度	[原]第57条の8第1項第3号	原子炉等規制法施行令第44条
(2)計画・設計段階	核原料物質の使用の届出（変更の届出を含む。）	[原]第57条の8第1項〜第3項	原子炉等規制法施行令第43条、第45条
(3)使用段階	技術上の基準	[原]第57条の8第4項	核原料使用規則第2条
	記録の作成保管	[原]第57条の8第6項	核原料使用規則第3条、第3条の2
	主務大臣等への報告	[原]第62条の3	核原料使用規則第5条
	報告徴収	[原]第67条	核原料使用規則第6条
(4)廃止段階	使用の廃止の届出	[原]第57条の8第7項	核原料使用規則第3条の4

（原子炉等規制法施行令＝核原料物質、核燃料物質及び原子炉の規制に関する法律施行令、核原料使用規則＝核原料物質の使用に関する規則）

5　クリアランス制度

(1)　クリアランスの意味

「クリアランス（clearance）」の意味を考える際に、似たような概念である「除外（exclusion）」と「免除（exemption）」との区別をみることにします。

(i)　「除外（exclusion）」：「除外」は、自然界に存在するほとんどの放射線源のように規制できないか、又は規制しても効果がほとんどないような放射線源について規制の対象としないことであり、管理できないのでそもそも規制の対象から外すことをいいます。例えば、土壌中や空気中のラドンなどは「除外」の対象になります。

(ii)　「免除（exemption）」：「免除」は、ある放射線源に起因する人の健康に対するリスクが無視できるほど小さいことから、放射性物質として扱う必要がなく、このため当該放射線源を放射線防護に係る規制体系に入れないことであり、管理できるがリスクのレベルが極めて低いので規制の対象に入れないことをいいます。研究用トレーサや校正線源でごくわずかの放射性物質しか含んでいないもので、その放射線源に起因する線量が自然界の放射線レベルに比較しても十分小さいものは「免除」の対象になります。

(iii)　「クリアランス（clearance）」：「クリアランス」は、規制下にあった放射線源について、それに起因する人の健康に対するリスクが無視できるほど小さいと認められたことから、放射性物質として扱う必要がなく、このため当該放射線源を放射線防護に係る規制体系から外してもよいことです。すなわち一度は管理していたもの（規制下に入れていたもの）をリスクのレベルが極めて低いので規制から外すことをいいます。例えば、規制の対象とされていた原子力施設を廃止することになり、その廃止作業の過程で生じてくる解体廃棄物の中で、その人の健康に対するリスクのレベルが無視できるほど小さいものは、クリアランスの対象として規制の枠組みから外して、通常の産業廃棄物又は有価物として取り扱うことができることになります。

(2) クリアランスの法制度

　原子力施設の解体が実際に行われるようになってきた現在、特にクリアランス制度の導入とその適用が重要になってきます。クリアランス制度は原子力施設の解体の段階で重要ですが、それだけではなく通常の原子力施設の運転時に発生してくる廃棄物に対しても適用できるものです。クリアランス制度は原子炉等規制法の中に構築されており、具体的な規則としては、経済産業省所管の原子力施設に関しては「核原料物質、核燃料物質及び原子炉の規制に関する法律第61条の2第4項に規定する製錬事業者等における工場等において用いた資材その他の物に含まれる放射性物質の放射能濃度についての確認等に関する規則」（以下「放射能濃度確認規則」といいます。）が定められており、文部科学省所管の原子力施設に関しては「試験研究の用に供する原子炉等に係る放射能濃度についての確認等に関する規則」（以下「試験研究炉等放射能濃度確認規則」といいます。）が定められています。

　また「放射性同位元素等による放射線障害の防止に関する法律」についても2010年（平成22年）の法改正により、クリアランス制度が導入されました。

○［クリアランスの確認］原子炉等規制法第61条の2第1項により、原子力事業者等は、工場等において用いた資材その他の物に含まれる放射性物質についての放射能濃度が放射線による障害の防止のための措置を必要としないものとして主務省令で定める基準を超えないことについて、主務省令で定めるところにより、主務大臣の確認を受けることができるとされ、原子力事業者等はクリアランスの確認を受けることができることになっています。主務大臣は、製錬事業者、加工事業者、使用済燃料貯蔵事業者、再処理事業者、廃棄事業者（廃棄物管理事業者及び廃棄物埋設事業者）、実用発電用原子炉設置者及び研究開発段階発電用原子炉設置者については経済産業大臣、試験研究用原子炉設置者と核燃料物質の使用者については文部科学大臣となっています。ここでは主務大臣がクリアランスの基準を示すことと、そのクリアランスの基準を超えないことについて主務大臣が確認することが規定されています。

○ ［放射能濃度の測定及び評価の方法の認可など］同法第61条の2第2項により、クリアランスの確認を受けようとする者は、主務省令で定めるところにより、あらかじめ主務大臣の認可を受けた放射能濃度の測定及び評価の方法に基づき、その確認を受けようとする物に含まれる放射性物質の放射能濃度の測定及び評価を行い、その結果を記載した申請書その他主務省令で定める書類を主務大臣に提出しなければならないとされ、クリアランスの確認を受けようとする者は、放射能濃度の測定及び評価の方法について主務大臣の認可を受けることと、その上で認可を受けた方法に基づいて実施した放射能濃度の測定及び評価の結果を記載したクリアランスの確認のための申請書を主務大臣に提出することが求められています。

○ ［クリアランスの確認を受けた物の法令上の取扱い］同法第61条の2第3項により、主務大臣の確認を受けた物は、原子炉等規制法や「廃棄物の処理及び清掃に関する法律」その他の政令で定める法令の適用については、核燃料物質によって汚染された物でないものとして取り扱うものとするとされています。クリアランスの確認を受けた物は、原子炉等規制法施行令第54条に基づき、原子炉等規制法、「廃棄物の処理及び清掃に関する法律」、「原子力損害の賠償に関する法律」、「大気汚染防止法」、「土壌汚染対策法」等において核燃料物質によって汚染された物ではないものとして、すなわち放射性廃棄物ではないものとして取り扱われることになります。

○ ［環境大臣との関係］同法第72条の2の2において、クリアランスの確認に係る主務大臣と環境大臣との関係が示されており、主務大臣がクリアランスの確認をしたことなどを環境大臣に連絡すること、環境大臣は「廃棄物の処理及び清掃に関する法律」に規定する廃棄物の適正な処理を確保するため特に必要があると認めるときは、主務大臣に意見を述べることなどが規定されています。

(3) クリアランス制度の適用

上記(2)のクリアランスの確認に係る法制度の適用について手続きの順を追ってみると次のようになります。

(i) 主務大臣はクリアランスの基準を設定する(同法第61条の2第1項)。

クリアランスの基準については、経済産業大臣が主務大臣となるものに関しては放射能濃度確認規則第2条において、また文部科学大臣が主務大臣となるものに関しては試験研究炉等放射能濃度確認規則第2条において、放射能濃度の測定及び評価を行う範囲（評価単位）ごとの放射性物質についての平均濃度として示されています。このクリアランスレベルは、どのように再生利用・処分されても人に対する放射線量が年間0.01ミリシーベルトを超えないように算出して設定されています。この年間0.01ミリシーベルトという水準は、年間当たりの人に対する自然放射線の放射線量（世界平均）である約2.4ミリシーベルトの約200分の1以下という極めて低いものです。具体的には、重水素（H-3）は100ベクレル／グラム、コバルト60（Co-60）は0.1ベクレル／グラム、ストロンチウム90（Sr-90）は1ベクレル／グラムなど33核種について放射性物質の平均濃度の基準が示されています。

(ii)　原子力事業者等は放射能濃度の測定及び評価の方法について主務大臣の認可を受ける（同法第61条の2第2項）。

(iii)　原子力事業者等は認可を受けた測定及び評価の方法に基づいて放射能濃度の測定及び評価をした結果を記載したクリアランスの確認の申請書を主務大臣に提出する（同法第61条の2第2項）。

(iv)　主務大臣は原子力事業者等から提出された申請書に基づき、クリアランスの確認を行う（同法第61条の2第1項）。

(v)　クリアランスの確認を受けた物は、原子炉等規制法、「廃棄物の処理及び清掃に関する法律」などの法令において、核燃料物質によって汚染された物でないものとして取り扱われる（同法第61条の2第3項）。

(vi)　主務大臣は認可した放射能濃度の測定及び評価の方法とクリアランスの確認の結果を環境大臣に連絡する（同法第72条の2の2）。

（クリアランス制度に関する規制等のまとめ）

（注：[原]は原子炉等規制法を指す。）

手続きの段階	規制の内容	該当条文	政令、規則等
(1)基準の設定	クリアランスの基準の設定	[原]第61条の2第1項	①放射能濃度確認規則第2条 ②試験研究炉等放

手続きの段階	規制の内容	該当条文	政令、規則等
			射能濃度確認規則第2条
(2)測定方法等	測定方法及び評価の方法の認可	［原］第61条の2第2項	①放射能濃度確認規則第5条 ②試験研究炉等放射能濃度確認規則第5条
(3)確認の申請	確認の申請	［原］第61条の2第2項	①放射能濃度確認規則第3条 ②試験研究炉等放射能濃度確認規則第3条
(4)確認	主務大臣による確認	［原］第61条の2第1項	①放射能濃度確認規則第4条 ②試験研究炉等放射能濃度確認規則第4条
(5)取扱い	確認された物の取扱い	［原］第61条の2第3項	原子炉等規制法施行令第54条
(6)環境大臣との関係	環境大臣への連絡	［原］第72条の2の2	

(原子炉等規制法施行令＝核原料物質、核燃料物質及び原子炉の規制に関する法律施行令、放射能濃度確認規則＝核原料物質、核燃料物質及び原子炉の規制に関する法律第61条の2第4項に規定する製錬事業者等における工場等において用いた資材その他の物に含まれる放射性物質の放射能濃度についての確認等に関する規則、試験研究炉等放射能濃度確認規則＝試験研究の用に供する原子炉等に係る放射能濃度についての確認等に関する規則)

6 輸送の安全規制

　核燃料物質等の輸送に関しては、陸上輸送、海上輸送、航空輸送のそれぞれについて安全規制の法令と所管省が異なります。原子炉等規制法の条文では「運搬」となっていますが、一般に「輸送」が用いられてい

ますので、ここでも説明の際は「輸送」という言葉を用いることにします。輸送は、国内輸送だけでなく国際輸送もありますので、基本的に基準が国際的に統一されている必要があります。このため、国際原子力機関（IAEA）は約2年ごとに「IAEA輸送規則」を改訂して示しており、現在の我が国の輸送に係る規制は「2009年版IAEA輸送規則」に示される国際基準が取り入れられています。

放射性同位元素等の輸送の規制についても、核燃料物質等の輸送の安全規制と同様に「IAEA輸送規則」に基づいているため、基本的にこれら両者の規制の内容は同じものになっています。ここでは核燃料物質等の輸送の安全規制について説明しますが、放射性同位元素等の輸送の安全規制の場合は、「放射性同位元素等による放射線障害の防止に関する法律」に基づいて「放射性同位元素等による放射線障害の防止に関する法律施行規則」と「放射性同位元素又は放射性同位元素によつて汚染された物の工場又は事業所の外における運搬に関する技術上の基準に係る細目等を定める告示」によって詳細な規制の内容が規定されており、その内容は第Ｖ章でみることにします。

(1) 陸上輸送

核燃料物質等の陸上輸送については、原子炉等規制法第59条第1項により、原子力事業者等（原子力事業者等から運搬を委託された者を含む。）は、核燃料物質又は核燃料物質によって汚染された物を工場等の外において運搬する場合（船舶又は航空機により運搬する場合を除く。）においては、運搬する物に関しては主務省令、その他の事項に関しては主務省令（鉄道、軌道、索道、無軌条電車、自動車及び軽車両による運搬については、国土交通省令）で定める技術上の基準に従って保安のために必要な措置（当該核燃料物質に政令で定める特定核燃料物質を含むときは、保安及び特定核燃料物質の防護のために必要な措置）を講じなければならないとされています。輸送の際は、保安（安全確保）のための措置とともに輸送する物に特定核燃料物質（「特定核燃料物質」については、「Ⅵ．3．核物質防護等の核セキュリティ関係の規制」を参照して下さい。）が含まれるときは、核物質防護のための措置を講じなければならないことが規定されています。この条文の中で「運搬する物」は「輸

161

送物」であり、「その他の事項」は「輸送方法」を意味しています。同法第59条第2項により、原子力事業者等は、(イ)輸送物については技術上の基準に従って、保安及び特定核燃料物質の防護のために必要な措置を講じ、その輸送物が技術上の基準に適合することについて主務大臣の確認を受けることが求められ、また、(ロ)輸送方法については技術上の基準に従って、保安及び特定核燃料物質の防護のために必要な措置を講じ、その輸送方法が技術上の基準に適合することについて国土交通大臣の確認を受けることが求められます。輸送物の確認に関する主務大臣は、原子炉等規制法で定める安全規制の主務大臣と同じで、製錬事業者、加工事業者、使用済燃料貯蔵事業者、再処理事業者、廃棄事業者（廃棄物管理事業者及び廃棄物埋設事業者）、実用発電用原子炉設置者と研究開発段階発電用原子炉設置者については経済産業大臣が、試験研究用原子炉設置者と核燃料物質の使用者については文部科学大臣が、それぞれ主務大臣になります。

　具体的な規制の内容は、「核燃料物質等の工場又は事業所の外における運搬に関する規則」（文部科学省、経済産業省及び国土交通省の共同省令、以下「外運搬規則」といいます。）で定められています。以下、輸送物の確認と輸送方法の確認を含めて主要な規制をみていきます。

○［輸送物の確認の手続き］核燃料物質の輸送は頻繁に行われますので規制の合理化が図られており、それが輸送物の容器に係る容器承認とその容器に係る設計承認の手続きです。輸送物については、まず原子力事業者等が主務大臣に対して外運搬規則第19条第1項に基づき、①収納物に関すること、②輸送容器の設計に関すること、③輸送容器の製作方法に関すること、④輸送容器が設計と製作方法に従って製作されていること、⑤輸送容器が設計と製作方法に適合するよう維持されていること、⑥発送前の点検に関することなどについての説明書を添えた申請を行い、国の輸送物の確認はこの申請に基づきなされることになります。ここで同法第59条第3項により、原子力事業者等は輸送に使用する容器について、あらかじめ主務大臣の承認を受けることができるとされており（これを「輸送容器の承認」といいます。）、外運搬規則第19条第3項は承認を受けた容器（これを「承認容器」といいます。）については、輸送物の確認の申

請に係る説明書のうち、上記の②から④までの輸送容器に関する説明書を省略することができるとされています。さらに輸送容器の承認については外運搬規則第21条により、あらかじめ主務大臣が輸送容器の設計について技術上の基準に適合すると認めるときは（これを「設計承認」といいます。）、輸送容器の承認の申請書類のうち、設計に係る書類を省略することができるとされています。通常、このような「輸送容器の承認」や「設計承認」の手続きが活用されますので、この手順をみると次のようになります。

　(イ)　あらかじめ輸送容器の設計承認を受けておく。
　(ロ)　次に、上記(イ)の設計承認を活用し、あらかじめ輸送容器の容器承認の申請をして輸送容器の承認を受けておく。
　(ハ)　上記(ロ)の輸送容器の承認を活用し、個々の具体的な輸送物の確認の申請をして確認を受ける。

　なお、これらの手続きの技術上の基準は「核燃料物質等の工場又は事業所の外における運搬に関する技術上の基準に係る細目等を定める告示」に示されています。

　輸送物は、収納する放射性物質の量などによって求められる技術上の基準が異なりますが、この点については下記の「(2)　輸送物の区分とその試験条件・技術基準」でみます。

○［輸送方法の確認］輸送方法の確認については、国土交通大臣が規制の責任を負っています。輸送方法の確認は外運搬規則によるほか、「核燃料物質等車両運搬規則」や「核燃料物質等車両運搬規則の細目を定める告示」に基づき行われます。

○［輸送経路等の届出等］原子炉等規制法第59条第5項及び第6項により、輸送を行う原子力事業者等は、都道府県公安委員会に対して輸送の日時、経路等について届け出ることが義務づけられています。また都道府県公安委員会は、これに対して必要な指示をすることができるとされています。

○［責任移転取決めの確認］特定核燃料物質の輸送中における核物質防護のためには、特定核燃料物質の発送人と輸送に責任を有する者と受取人との間で輸送に係る責任の所在を明確にしておくことが必要です。このため原子炉等規制法第59条の2により、発送人の工場

等から搬出され受取人の工場等に搬入されるまでの間における特定核燃料物質の輸送について責任を有する者を明らかにするとともに、輸送に係る責任が移転される時期、場所等について発送人と輸送に責任を有する者及び受取人との間で取決めが締結されることが求められています。また、この取決めの締結について文部科学大臣の確認を受けなければならないとされています。

(2) 輸送物の区分とその試験条件・技術基準

(i) 輸送物の区分の概要（外運搬規則第3条）

外運搬規則第3条から第12条までは、核燃料物質の輸送物の区分等を示しています。さらに、「核燃料物質等の工場又は事業所の外における運搬に関する技術上の基準に係る細目等を定める告示」において詳細が規定されています。

放射性物質の輸送物は、収納する放射性物質の放射線量による規制の区分が基本となります。収納できる放射性物質の放射線量が増していく順に従ってL型輸送物、A型輸送物とB型輸送物（BM型輸送物及びBU型輸送物）に分けられます。輸送物の収納放射能限度や許容漏えい量の算定は、「IAEA輸送規則」が示す方法に基づいています。

L型輸送物、A型輸送物、B型輸送物の収納できる放射能量は、A型を標準にみることになっており、

(イ) A型輸送物は、特別形放射性物質でA_1値以下、非特別形放射性物質でA_2値以下

(ロ) L型輸送物は、固体又は気体の特別形放射性物質で$A_1 \times 10^{-3}$以下、固体又は気体の非特別形放射性物質で$A_2 \times 10^{-3}$以下、液体で$A_2 \times 10^{-4}$以下、気体のトリチウムで0.8テラベクレル（Bq）以下

(ハ) BM型輸送物又はBU型輸送物は、特別形放射性物質でA_1を超え$A_1 \times 3 \times 10^3$以下又はA_1を超え$A_2 \times 10^5$の小さい方、非特別形放射性物質で$A_2 \times 3 \times 10^3$以下

となっています。A_1値、A_2値については下表「輸送物の技術上の基準と試験条件」の［注：A_1値、A_2値］（P.174）を参照して下さい。

B型輸送物は、BM型輸送物とBU型輸送物に分かれます。BM型

輸送物は設計国、通過国、使用国などの全ての関係国の安全規制に係る許可をとることが必要なものであり、これに対してBU型輸送物は、設計国で安全規制に係る許可が得られれば他の関係国における安全規制に係る許可は自動的に得られることになっているものです。このことからB型輸送物については、技術上の基準という観点から厳しくなっていく順に従ってBM型輸送物、BU型輸送物ということになります。

収納される放射能量の他にも、収納される放射性物質の放射能濃度や収納される放射性物質の表面汚染密度の程度、収納される放射性物質が核分裂性か否かなどによって輸送物の区分が異なってきます。IP型輸送物は、放射能濃度が低い核燃料物質等であって危険性が少ないもの（「低比放射性物質」といいます。）及び核燃料物質等によって表面が汚染された物であって危険性が少ないもの（「表面汚染物」といいます。）を収納する輸送物です。IP型輸送物は収納物が固体か液体かなどの性状等により、規制が厳しくなっていく順に従ってIP－1型輸送物、IP－2型輸送物、IP－3型輸送物に区分されます。

輸送物の区分を全体として大きくみると、規制が厳しくなっていく順に従ってL型輸送物、IP－1型輸送物、IP－2型輸送物、IP－3型輸送物、A型輸送物、BM型輸送物とBU型輸送物の7種類になります。

また、主務大臣の定める核分裂性物質の輸送物（「核分裂性輸送物」といいます。）を輸送する場合には、輸送物がどのような状況下に置かれても臨界にならないようにすることが追加的に要求されることになります。例えば、核分裂性の放射性物質を輸送するA型輸送物は、核分裂性の意味の「F」をつけて「AF型輸送物」となります。

L型、IP型、A型の輸送物で核分裂性輸送物でないものについては、仮に当該輸送物が輸送中に大きな事故等に遭遇して、輸送容器から放射性物質が漏えいしたとしても、それによる周辺の人への放射線被ばくの線量が線量限度を超えることのないように、収納する放射性物質の放射線量、性状や状態などが制限されます。これに対して、核分裂性物質を含む輸送物やB型輸送物の場合は、仮に大きな事故等に遭遇したとしても、輸送容器自体で放射性物質の漏えいを防止するな

どの機能が求められます。

(ⅱ) L型輸送物（外運搬規則第4条）

　　L型輸送物は、危険性が極めて少ない核燃料物質等を輸送するものです。L型輸送物には、運搬中に予想される温度及び内圧の変化、振動等により、き裂、破損等の生じるおそれがないこと、表面の最大線量当量率が5マイクロシーベルト毎時を超えないことなどの技術上の基準が求められます。

　　L型輸送物は微量の放射性試料等の輸送物で、核燃料物質の輸送の場合は、機械に充填される天然ウラン、劣化ウラン、トリウムなどです。L型輸送物は、国内の放射性物質の輸送の大半を占めています。

(ⅲ) IP型輸送物（外運搬規則第8条〜10条）

　　IP型輸送物は、「低比放射性物質」と「表面汚染物」を収納する輸送物です。IP－1型輸送物、IP－2型輸送物及びIP－3型輸送物には、運搬中に予想される温度及び内圧の変化、振動等により、き裂、破損等の生じるおそれがないこと、表面の最大線量当量率が2ミリシーベルト毎時を超えないこと、表面から1メートル離れた位置における最大線量当量率が100マイクロシーベルト毎時を超えないことなどの技術上の基準が求められます。IP－3型については、これらに加え、さらに周囲の圧力を60キロパスカルとした場合に放射性物質の漏えいがないことなどの技術上の基準が求められます。

　　さらにIP－2型輸送物とIP－3型輸送物については、次のような一般の試験条件が課せられます（IP－2型については下記の②から④までの3項目の試験条件が課せられ、IP－3型については下記の①から⑤までの5項目の試験条件が課せられます。）。この試験条件下で、表面の最大線量当量率に著しい増加がないこと、表面の最大線量当量率が2ミリシーベルト毎時を超えないこと、放射性物質の漏えいがないことが求められます。

　　① 水の吹付け試験（50ミリメートル毎時の雨量に相当する水を1時間吹き付ける。）

　　② 落下試験Ⅰ（①の試験後に、輸送物の重量に応じた高さから輸送物に最大の損傷を与えるように落下させる。5トン未満は1.2メートル、5トン以上10トン未満は0.9メートル、10トン以上15

トン未満は0.6メートル、15トン以上は0.3メートル。)
　③　落下試験Ⅱ（軽量の輸送物は0.3メートルコーナー落下試験。)
　④　積重ね試験（圧縮試験であり、重量の5倍の荷重又は鉛直投影面積に13キロパスカルを乗じた荷重のうちの大きい方の荷重を24時間にわたって加える。)
　⑤　貫通試験（軟鋼棒（重量6キログラム、直径3.2センチメートル、先端が半球形のもの）を1メートルの高さから落下させる。)

　低レベル放射性廃棄物の輸送物、未照射天然ウランの輸送物、原子炉解体廃材の輸送物などはIP型輸送物になります。

(iv) **A型輸送物（外運搬規則第5条）**

　A型輸送物には、運搬中に予想される温度及び内圧の変化、振動等により、き裂、破損等の生じるおそれがないこと、周囲の圧力を60キロパスカルとした場合に放射性物質の漏えいがないこと、液体を輸送する場合は2倍の吸収材又は二重の密封装置を備えること、不要な物品が収納されていないこと、表面の最大線量当量率が2ミリシーベルト毎時を超えないこと、表面から1メートル離れた位置における最大線量当量率が100マイクロシーベルト毎時を超えないことなどの技術上の基準が求められます。

　さらにA型輸送物については、一般の試験条件として上述のIP－3型の場合と同じ5つの試験条件（①水の吹付け試験、②落下試験Ⅰ、③落下試験Ⅱ、④積重ね試験、⑤貫通試験）の下で、表面の最大線量当量率に著しい増加がないこと、表面の最大線量当量率が2ミリシーベルト毎時を超えないこと、放射性物質の漏えいがないことが求められます。

　濃縮ウラン粉末（UO_2）の輸送物、濃縮六ふっ化ウラン（UF_6）の輸送物、原子力発電所用の新燃料集合体の輸送物などはAF型輸送物として輸送されます。

(v) **BM型輸送物及びBU型輸送物（外運搬規則第6条、第7条）**

　BM型輸送物及びBU型輸送物には、運搬中に予想される温度及び内圧の変化、振動等により、き裂、破損等の生じるおそれがないこと、周囲の圧力を60キロパスカルとした場合に放射性物質の漏えいがないこと、不要な物品が収納されていないこと、表面の最大線量当量率が

2ミリシーベルト毎時を超えないこと、表面から1メートル離れた位置における最大線量当量率が100マイクロシーベルト毎時を超えないことなどが技術上の基準として求められます。

　BM型輸送物及びBU型輸送物については、一般の試験条件として上述のA型の場合と同じ5つの試験条件（①水の吹付け試験、②落下試験Ⅰ、③落下試験Ⅱ、④積重ね試験、⑤貫通試験）に加え、⑥環境試験（38℃の環境に1週間置く。）が加わり、この試験条件の下で、表面の最大線量当量率に著しい増加がないこと、表面の最大線量当量率が2ミリシーベルト毎時を超えないこと、放射性物質の1時間当たりの漏えい量が所定の値を超えないこと、表面の温度が50℃（専用積載の場合は85℃）を超えないこと、表面汚染が表面密度限度を超えないことが求められます。

　さらにBM型輸送物及びBU型輸送物については、一般の試験条件に加えて、次のような特別な試験条件を課し、これらの試験条件下で表面から1メートルの位置での最大線量当量率が10ミリシーベルト毎時を超えないこと、放射性物質の1週間当たりの漏えい量が所定の値を超えないことが求められます。

① 落下試験Ⅰ（9メートルの高さから最大の破損をもたらすように落下させる。）
② 落下試験Ⅱ（軽量の輸送物については軟鋼板（重量500キログラム、縦・横1メートル）を9メートルの高さから水平に落下させる。）
③ 落下試験Ⅲ（垂直に固定した軟鋼丸棒（直径15センチメートル、長さ20センチメートル）に1メートルの高さから落下させる。）
④ 耐火試験（800℃の環境に30分置く。）
⑤ 浸漬試験Ⅰ（深さ15メートルの水中に8時間浸漬させる。）
⑥ 浸漬試験Ⅱ（深さ200メートルの水中に1時間浸漬させる。）（⑥は定められた量以上の放射能量の場合）

　またBM型輸送物には、運搬中に予想される最も低い温度から38℃までの温度で、き裂、破損等のおそれがないことが求められ、BU型輸送物には、－40℃から38℃までの温度で、き裂、破損等のおそれがないこと、フィルタ又は機械的冷却装置を用いなくとも、ろ過

又は冷却ができること、最高使用圧力が700キロパスカルを超えないことが求められます。

軽水炉の使用済燃料の輸送物や高レベル放射性廃棄物ガラス固化体の輸送物などはBMF型輸送物になり、ウラン・プルトニウム混合酸化物新燃料集合体の輸送物はBMF型輸送物又はBUF型輸送物になります。

(vi) **核分裂性輸送物に求められる技術基準（外運搬規則第11条）**

核分裂性輸送物に求められる試験条件は、一般の試験条件として4つの試験条件（①水の吹付け試験、②落下試験Ⅰ、③積重ね試験、④貫通試験）であり、特別の試験条件として(a)［①落下試験Ⅰ（9メートルの高さから最大の破損をもたらすように落下させる。）、②落下試験Ⅱ（軽量の輸送物については軟鋼板（重量500キログラム、縦・横1メートル）を9メートルの高さから水平に落下させる。）、③落下試験Ⅲ（垂直に固定した軟鋼丸棒（直径15センチメートル、長さ20センチメートル）に1メートルの高さから落下させる。）、④耐火試験(800℃の環境に30分置く。)、⑤浸漬試験Ⅲ（深さ0.9メートルの水中に8時間浸漬させる。）］又は(b)［⑥浸漬試験Ⅰ（深さ15メートルの水中に8時間浸漬させる。）］が課せられます（ただし、特別の試験条件については一般の試験条件後に、(a)の試験条件を行うものと(b)の試験条件を行うもののうち、厳しい条件の方を行います。）。一般の試験条件下で容器にくぼみが生じないことのほか、一般及び特別の試験条件の下で未臨界であることが求められます。また、－40℃から38℃までの温度で、き裂、破損等のおそれがないことが求められます。例えばAF型輸送物の場合は、A型輸送物に求められる技術基準に加えて、ここに示した核分裂性輸送物に求められる技術基準が追加されることになります。

(vii) **六ふっ化ウランの輸送物の技術基準（外運搬規則第12条）**

六ふっ化ウランの輸送物の場合は、通常の輸送状態において収納する六ふっ化ウランが固体状であり、かつ、容器の内部が負圧となるような措置が講じられていることなどが追加的な技術上の基準として求められます。さらに0.1キログラム以上の六ふっ化ウランを収納している場合は、耐圧試験（2.76メガパスカル以上の水圧を加えることな

169

ど）の下で放射性物質の漏えいがなく、かつ、受け入れられない応力が発生しないこと、一般の試験条件の落下試験Ⅰ及び落下試験Ⅱの下で放射性物質の漏えいがなく、かつ、弁の損傷のないこと、耐火試験（800℃の環境に30分置く。）の下で密封装置に損傷がないことなどが求められます。

（輸送物の技術上の基準と試験条件）

〈技術上の基準と試験条件〉 （試験条件とその試験条件下における技術上の基準の詳細は注として記載）	L型	IP-1型	IP-2型	IP-3型	A型	BM型	BU型	核分裂性
(1)容易に、かつ、安全に取り扱うことができること。	○	○	○	○	○	○	○	―
(2)運搬中に予想される温度及び内圧の変化、振動等により、き裂、破損等の生じるおそれがないこと。	○	○	○	○	○	○	○	―
(3)表面に不要な突起物がなく、表面の汚染の除染が容易であること。	○	○	○	○	○	○	○	―
(4)材料相互間及び材料と収納物との間で、危険な物理的作用又は化学的反応の生じるおそれがないこと。	○	○	○	○	○	○	○	―
(5)弁が誤動作されない措置が講じられていること。	○	○	○	○	○	○	○	―
(6)開封されたときに見やすい位置に「放射性」等の表示があること。	○	―	―	―	―	―	―	―
(7)表面の最大線量当量率が下記の基準値を超えないこと。 ①輸送物表面（1cm線量当量率）（mSv/h） ②輸送物表面から1m（mSv/h）	0.005 ―	2 0.1	2 0.1	2 0.1	2 0.1	2 0.1	2 0.1	― ―
(8)表面汚染が表面汚染密度限度［注：表面密度限度］を超えないこと。	○	○	○	○	○	○	○	―
(9)外接する直方体の各辺が10cm以上であること。	○ [注：辺]	○	○	○	○	○	○	―

〈技術上の基準と試験条件〉(試験条件とその試験条件下における技術上の基準の詳細は注として記載)	L型	IP-1型	IP-2型	IP-3型	A型	BM型	BU型	核分裂性
(10)開封されないようにシールのはり付け等の措置が講じられていること。	―	―	―	○	○	○	○	―
(11)構成部品が-40℃～70℃で運搬中に、き裂、破損等の生じるおそれがないこと。	―	―	―	○	○	○	○	―
(12)周囲圧力60kPaで放射性物質の漏えいがないこと。	―	―	―	○	○	○	○	―
(13)液体を収納する場合、2倍の吸収材又は二重の密封装置を備えること。	―	―	―	―	○	―	―	―
(14)液体を収納する場合、温度変化等に対処できる適切な空間を有していること。	―	―	―	○	○	○	○	―
(15)不要な物品が収納されていないこと。	―	―	―	―	○	○	○	―
(16)一般の試験条件 ①水の吹付け試験[注：一般1] ②落下試験Ⅰ[注：一般2] ③落下試験Ⅱ[注：一般3] ④積重ね試験[注：一般4] ⑤貫通試験[注：一般5] ⑥環境試験[注：一般6] [基準][注：基準]	― ― ― ― ― ― ―	― ― ― ― ― ― ―	― ― ○ ○ ― ― 16-ア	― ○ ○ ○ ― ― 16-ア	○ ○ ― ― ○ ― 16-ア	○ ○ ― ― ○ ○ 16-イ	○ ○ ― ― ○ ○ 16-イ	○ ○ ― ― ― ― 核-ア
(17)追加の試験条件（A型で液体状又は気体状のもの（気体状のトリチウム及び希ガスを除く。）の輸送の場合） ①落下試験又は貫通試験[注：追加] [基準][注：基準]	― ―	― ―	― ―	― ―	○ 17-ア	― ―	― ―	― ―
(18)特別の試験条件 ①落下試験Ⅰ[注：特別1] ②落下試験Ⅱ[注：特別2] ③落下試験Ⅲ[注：特別3] ④耐火試験[注：特別4] ⑤浸漬試験Ⅰ[注：特別5] ⑥浸漬試験Ⅱ[注：特別6] ⑦浸漬試験Ⅲ[注：特別7] [基準][注：基準]	― ― ― ― ― ― ― ―	― ― ― ― ― ― ― ―	― ― ― ― ― ― ― ―	― ― ― ― ― ― ― ―	― ― ― ― ― ― ― ―	○ ○ ○ ○ ○ ○ ― 18-ア	○ ○ ○ ○ ○ ○ ― 18-ア	○*1 ○*1 ○*1 ○*1 ○*2 ― ○*1 核-ア
(19)運搬中に予想される最も低い温度から38℃までの温度で、き裂、破損等のおそれがないこと。	―	―	―	―	―	○	―	―

〈技術上の基準と試験条件〉 (試験条件とその試験条件下における技術上の基準の詳細は注として記載)	L型	IP-1型	IP-2型	IP-3型	A型	BM型	BU型	核分裂性
⑳ －40℃から38℃までの温度で、き裂、破損等のおそれがないこと。	－	－	－	－	－	－	○	○
㉑ フィルタ、機械的冷却装置を用いなくとも、ろ過又は冷却ができること。	－	－	－	－	－	－	○	－
㉒ 最高使用圧力が700kPaを超えないこと。	－	－	－	－	－	－	○	－

[注：放射性同位元素等の輸送の場合]
・放射線障害防止法に基づく放射性同位元素等の輸送の規制においても、次の2点を除いてこの表を活用できます。第1点は放射線障害防止法では原子炉等規制法の対象となる核分裂性物質は対象としていませんので、この表の右端の縦欄の「核分裂性」のところは対象となりません。第2点はL型輸送物の（9）「外接する直方体の各辺が10cm以上であること。」については、下記の［注：辺］にある通り、核分裂性物質の輸送の場合に限られますので、放射性同位元素等のL型輸送物の場合には求められません。

[注：表面密度限度]
・通常の取扱いにおいて、放射性物質が表面からはく離するおそれがあるもので、アルファ線を放出する放射性物質については表面密度限度の0.4Bq／cm^{2}を超えないこと、アルファ線を放出しない放射性物質については表面密度限度の4Bq／cm^{2}を超えないこと。

[注：辺]
・L型輸送物の場合は、核分裂性物質の輸送物の場合に限る。放射性同位元素等のL型輸送物についてはこの項目は求められない。

[注：試験条件]
・注：一般1［水の吹付け試験］：50mm／時の雨量に相当する水を1時間吹き付ける。
・注：一般2［落下試験Ⅰ］：（水の吹付け試験を行う場合はその後に）輸送物の重量に応じた高さから輸送物に最大の損傷を与えるように落下させる。5トン未満は1.2m、5トン以上10トン未満は0.9m、10トン以上15トン未満は0.6m、15トン以上は0.3m。
・注：一般3［落下試験Ⅱ］：軽量の輸送物は0.3mコーナー落下試験。
・注：一般4［積重ね試験］：重量の5倍の荷重又は鉛直投影面積に13kPaを乗じた荷重のうちの大きい方の荷重を24時間にわたって加える。
・注：一般5［貫通試験］：軟鋼棒（重量6kg、直径3.2cm、先端が半球形のもの）を1mの高さから輸送物の最も弱い部分に落下させる。
・注：一般6［環境試験］：38℃の環境に1週間置く。
・注：追　加［落下試験又は貫通試験］：次の①と②の2つの条件のうち、最大の破損

を受ける条件の下に置く。①9mの高さから最大の破損を及ぼすように落下させる。②軟鋼棒（重量6kg、直径3.2cm、先端が半球形のもの）を1.7mの高さから輸送物の最も弱い部分に落下させる。
- 注：特別1 ［落下試験Ⅰ］：9mの高さから最大の破損をもたらすように落下させる。
- 注：特別2 ［落下試験Ⅱ］：軽量の輸送物については軟鋼板（重量500kg、縦・横1m）を9mの高さから水平に落下させる。
- 注：特別3 ［落下試験Ⅲ］：垂直に固定した軟鋼丸棒（直径15cm、長さ20cm）に1mの高さから落下させる。
- 注：特別4 ［耐火試験］：800℃の環境に30分置く。
- 注：特別5 ［浸漬試験Ⅰ］：深さ15mの水中に8時間浸漬させる。
- 注：特別6 ［浸漬試験Ⅱ］：深さ200mの水中に1時間浸漬させる。ただし、BM型とBU型については、この試験は、収納する放射性物質の放射能量が定められた量（$A_2 \times 10^5$）を超える場合に要求される（A_2については下記の注参照）。
- 注：特別7 ［浸漬試験Ⅲ］：深さ0.9mの水中に8時間浸漬させる。

［注：基準］
- 16-ア：表面の最大線量当量率に著しい増加がないこと、表面の最大線量当量率が2mSv/hを超えないこと（ただし、専用積載の輸送で、所定の技術上の基準に従うもので、安全上支障がない旨の主務大臣の承認を受けたものは、表面の最大の線量当量率が10mSv/hを超えないこと）、放射性物質の漏えいがないこと。
- 16-イ：表面の最大線量当量率に著しい増加がないこと、表面の最大線量当量率が2mSv/hを超えないこと（上記16-アと同じただし書き）、放射性物質の1時間当たりの漏えい量が所定の値（$A_2 \times 10^{-6}$）を超えないこと、表面の温度が50℃（専用積載の場合は85℃）を超えないこと、表面汚染が表面密度限度（非固定性の表面汚染の密度がアルファ線を放出する核種については0.4Bq／cm^2、アルファ線を放出しない核種については4Bq／cm^2）を超えないこと。
- 17-ア：放射性物質の漏えいがないこと。
- 18-ア：表面から1mの位置での最大線量当量率が10mSv/hを超えないこと、放射性物質の1週間当たりの漏えい量が所定の値（A_2、^{85}Krの場合は$A_2 \times 10$）を超えないこと。ただし⑥の浸漬試験Ⅱについては密封装置の破損のないこと。
- 核-ア：①一般の試験条件下で容器の構造部に1辺10cmの立方体を包含するくぼみが生じないこと。②孤立系（輸送物を水で満たすこと、中性子増倍率が最大となる配置及び減速状態にすること、20cm厚さの水による中性子の反射があること）で未臨界であること。③一般の試験条件で孤立系で未臨界であること。④一般の試験条件で配列系（20cm厚さの水による中性子の反射があること、中性子増倍率が最大となる状態で輸送制限個数の5倍に相当する個数を積載することとした場合）で未臨界であること。⑤特別の試験条件で孤立系で未臨界であること。⑥特別の試験条件で配列系（20cm厚さの水によ

る中性子の反射があること、中性子増倍率が最大となる状態で輸送制限個数の2倍に相当する個数を積載することとした場合）で未臨界であること。（ここには②のように試験条件に関係しないものも含めて示している。）

[注：核分裂性輸送物の(18)特別の試験条件]
・*1を付けた5項目の試験と*2を付けた1項目の試験については、一般の試験条件後に、これらのどちらかの厳しい条件の試験を行う。

[注：A_1値、A_2値]
・A_1値、A_2値というのは、国際的基準に基づいた収納放射能量の限度を定める基準であり、A型輸送物を基準にして定められますが、他の型の輸送物にも用いられます。A_1値は特別形核燃料物質等である場合の数量（TBq：テラベクレルが単位）で、A_2値は特別形核燃料物質等以外の核燃料物質等である場合の数量（単位は同じ）です。核燃料物質等の輸送の場合は、「核燃料物質等の工場又は事業所の外における運搬に関する技術上の基準に係る細目等を定める告示」に示されています。

(3) 海上輸送

海上輸送の場合は船舶安全法に基づき、(イ)輸送する物が技術上の基準に適合することと、(ロ)輸送の方法が技術上の基準に適合することの両方について、国土交通大臣の確認を受けなければならないとされています。また、海上輸送を行う原子力事業者等は海上保安庁に対して、輸送の日時、経路等について届け出ることが義務づけられるとともに、海上保安庁は必要な指示をすることができるとされています。船舶安全法に基づく「危険物船舶運送及び貯蔵規則」、技術基準を示す「船舶による放射性物質等の運送基準の細目等を定める告示」や「船舶による危険物の運送基準等を定める告示」などによって、詳細な規制の内容が規定されています。

(4) 航空輸送

核燃料物質等の航空輸送は、航空法で原則としては禁止されていますが、特に(イ)輸送する物が技術上の基準に適合することと、(ロ)輸送の方法が技術上の基準に適合することの両方について、国土交通大臣の確認がなされる場合は可能とされます。また、輸送を行う原子力事業者等は国土交通省に対して輸送の日時、経路等について届け出ることが義務づけられるとともに、国土交通省は必要な指示をすることができるとされています。

（輸送（陸上輸送）に関する規制等のまとめ）

(注：[原]は原子炉等規制法を指す。)

手続きの段階	規制の内容	該当条文	政令、規則等
(1)輸送に関する確認等	輸送物の確認	[原]第59条第1項、第2項	原子炉等規制法施行令第47条、第48条、外運搬規則第2条～第20条、外運搬技術基準告示
	上記の輸送物の確認のうち、輸送容器の承認の手続き	[原]第59条第3項	外運搬規則第19条～第24条
	上記の輸送容器の承認のうち、設計承認の手続き	同上	外運搬規則第21条
	輸送方法の確認	[原]第59条第1項、第2項	原子炉等規制法施行令第47条、第48条、外運搬規則第18条～第20条、車両運搬規則、車両運搬告示
(2)輸送経路等の届出等	輸送の日時、経路等の届出、それに対する都道府県公安委員会の指示	[原]第59条第5項、第6項	原子炉等規制法施行令第49条、届出令
(3)責任移転取決めの確認	輸送の間の発送人、輸送者、受取人の間の責任の移転の明確化	[原]第59条の2	原子炉等規制法施行令第52条、取決め規則
(4)報告等	事故故障等の報告	[原]第62条の3	外運搬規則第25条
	危険時の措置	[原]第64条第1項	外運搬規則第26条、危険時措置規則

(原子炉等規制法施行令＝核原料物質、核燃料物質及び原子炉の規制に関する法律施行令、外運搬規則＝核燃料物質等の工場又は事業所の外における運搬に関する規則、車両運搬規則＝核燃料物質等車両運搬規則、届出令＝核燃料物質等の運搬の届出等に関する内閣府令、取決め規則＝特定核燃料物質の運搬の取決めに関する規則、危険時措置規則＝核燃料物質等の事業所外運搬に係る危険時における措置に関する規則、外運搬技術基準告示＝核燃料物質等の工場又は事業所の外における運搬に関する技術上の基準に係る細目等を定める告示、車両運搬告示＝核燃料物質等車両運搬規則の細目を定める告示)

7　建築・耐震設計

(1)　建築基準法関係

　原子力施設の建屋等については、原子炉等規制法に基づく原子炉設置許可を得た後、具体的な建設工事を開始するために同法に基づく設計及び工事の方法の認可の申請を行い、詳細設計の内容について審査を受けることになります。実用発電用の原子力発電所の場合には、原子炉等規制法に基づく設計及び工事の方法の認可の手続きは適用されずに、電気事業法第47条に基づく工事計画の認可の申請が行われることになります。

　また原子力施設の建物は、建築基準法の対象の建築物として、同法第6条に基づく建築確認を受けなければなりません。具体的には実用発電用原子力発電所を例にとると、建屋等の構造設計に対する耐震性評価の審査は、電気事業法に基づく工事計画認可の審査と建築基準法に基づく建築確認の構造審査が行われます。これらの審査においては、「建築基準法・同施行令」、「鉄筋コンクリート構造計算規準・同解説」等が用いられています。

　格納容器の技術基準については、日本機械学会の「コンクリート製原子炉格納容器規格」が用いられます。

(2)　原子力安全委員会の耐震設計審査指針

(i)　概要

　発電用原子炉施設に対する耐震設計の指針は、原子力安全委員会の「発電用原子炉施設に関する耐震設計審査指針」（以下「耐震設計審査指針」といいます。）として示されています。この指針の表題は発電用原子炉施設に対するものとなっていますが、他の原子力施設を建設する際もこの指針が参考として用いられます。

　「耐震設計審査指針」は、2006年（平成18年）に全面的に改訂されました。以下の説明上、改訂される前の指針を「旧指針」といい、改訂後の現在の指針を「新指針」といいます。

　旧指針ではマグニチュード（M）6.5の規模の直下地震を想定して

いましたが、この想定を見直す必要性について議論が提起されたことなどが契機となって耐震設計審査指針の改訂作業が行われました。
(ⅱ) 新指針に基づく耐震設計の進め方
　新指針に基づく発電用原子炉施設に対する耐震設計は、①まず施設を耐震設計上の重要度で分類し、②次に耐震設計のための基準となる地震動（地面の揺れ）を策定し、③その上で分類した重要度に応じて策定した地震動を活用して耐震設計を行うという手順で進められます。
(イ) 耐震設計上の重要度分類
　地震により発生する可能性のある環境への放射線による影響の観点から、施設の各部について耐震設計上の3つの重要度に分類します。
　3つの重要度分類と具体例は、重要度の上位の方から次のようになっています。

- Sクラスは、「自ら放射性物質を内蔵しているか又は内蔵している施設に直接関係しており、その機能そう失により放射性物質を外部に放散する可能性のあるもの、及びこれらの事態を防止するために必要なもの、並びにこれらの事故発生の際に外部に放散される放射性物質による影響を低減させるために必要なものであって、その影響の大きいもの」であり、具体例としては、原子炉冷却材圧力バウンダリを構成する機器・配管系、使用済燃料を貯蔵するための施設などです。
- Bクラスは、「上記において、影響が比較的小さいもの」であり、具体例としては、原子炉冷却材圧力バウンダリに直接接続されていて、一次冷却材を内蔵しているか又は内蔵しうる施設、放射性廃棄物を内蔵している施設（ただし、内蔵量が少ないか又は貯蔵方式により、その破損による公衆に与える放射線の影響が周辺監視区域外における年間の線量限度に比べ十分小さいものは除く。）などです。
- Cクラスは、上記のSクラスとBクラスに属さない施設となります。

(ロ) 耐震設計のための基準地震動の策定
　Sクラスの施設の耐震設計を実施するために、基準地震動として動的地震動を策定します。この基準地震動の策定のところに、新指

針の特徴が最も強く表れています。

　基準地震動については、「施設の耐震設計において基準とする地震動は、敷地周辺の地質・地盤構造並びに地震活動性等の地震学及び地震工学的見地から施設の供用期間中に極めてまれではあるが発生する可能性があり、施設に大きな影響を与えるおそれがあると想定することが適切なものとして策定しなければならない。」と示され、この基準とする地震動を「基準地震動 Ss」として策定することが求められます。旧指針では2本の基準地震動を策定することが求められていましたが、新指針では1本の基準地震動 Ss の策定が求められることになりました。

　基準地震動 Ss は、「敷地ごとに震源を特定して策定する地震動」と「震源を特定せず策定する地震動」について、敷地の解放基盤表面における水平方向及び鉛直方向の地震動としてそれぞれ策定することになります。基準地震動は、旧指針では水平方向のものだけの策定が求められていましたが、新指針では水平方向のものに加えて鉛直方向のものについても策定することが求められるようになりました。なお、以下は新指針の主要な内容ですが、［注］として新指針の特徴的なことについて説明を加えます。

① 「敷地ごとに震源を特定して策定する地震動」は、以下の方針により策定する。
　(a) 敷地周辺の活断層の性質、過去及び現在の地震発生状況等を考慮し、さらに地震発生様式等による地震の分類を行った上で敷地に大きな影響を与えると予想される地震、すなわち検討用地震を複数選定する。［注：検討用地震は、地震の発生する場所に応じた「内陸地殻内地震」、「プレート間地震」と「海洋プレート地震」の3つの分類により選定されることになります。］
　(b) 上記(a)の中の「敷地周辺の活断層の性質」に関しては、次のように考慮し対応する。
　　・耐震設計上考慮する活断層としては、後期更新世以降の活動が否定できないものとする。なお、その認定に際しては最終間氷期の地層又は地形面による変位・変形が認められるか否かによることができる。［注：評価する活断層の最終的な

活動時期は、旧指針では5万年以内に活動のあった活断層とされてきましたが、新指針では後期更新世以降の活動、すなわち12万年～13万年以内に活動のあった活断層に拡大されることになりました。]

- 活断層の位置・形状・活動性等を明らかにするため、敷地からの距離に応じて、地形学・地質学・地球物理学的手法等を総合した十分な活断層調査を行うこと。[注：より入念な活断層の調査を行うために、地球物理学的手法（地下の断層を探る手法）が追加されました。]

(c) 上記(a)で選定した検討用地震ごとに、応答スペクトルに基づく地震動評価と断層モデルを用いた手法による地震動評価の双方を実施し、それぞれによる基準地震動 Ss を策定する。なお、地震動評価に当たっては地震発生様式、地震波伝播経路等に応じた諸特性（その地域における特性を含む。）を十分に考慮することとする。

- 応答スペクトルに基づく地震動評価については、検討用地震ごとに適切な手法を用いて応答スペクトルを評価の上、それらを基に設計用応答スペクトルを設定し、これに地震動の継続時間、振幅包絡線の経時的変化等の地震動特性を適切に考慮して地震動評価を行うこと。

- 断層モデルを用いた手法による地震動評価については、検討用地震ごとに適切な手法を用いて震源特性パラメータを設定し、地震動評価を行うこと。[注：活断層での地震発生の様子を詳細にモデル化して地震動を評価することが可能な「断層モデル」が地震動評価手法として全面的に採用されることになりました。]

② 「震源を特定せず策定する地震動」は、震源と活断層を関連づけることが困難な過去の内陸地殻内の地震について得られた震源近傍における観測記録を収集し、これらを基に敷地の地盤物性を加味した応答スペクトルを設定し、これに地震動の継続時間、振幅包絡線の経時的変化等の地震動特性を適切に考慮して基準地震動 Ss を策定する。[注：旧指針ではM6.5の直下地震が想定され

ていましたが、新指針では震源を特定せずに策定する地震動を考慮することになりました。これは、内陸地殻内地震には震源と活断層を関係づけることが困難なものがあるため、これらについて得られた震源近傍における観測記録を収集して設定するものです。また、「震源を特定せず策定する地震動」の策定のために、特に敷地近傍では精度の高い詳細な活断層調査を行うことが求められます。］

(ハ) 各クラスごとの耐震設計の実施
　① 基本的な方針として、施設は耐震設計上のクラス別に次に示す耐震設計に関する基本的な方針を満足していなければならないこと。
　　(a) Sクラスの各施設は、基準地震動 Ss による地震力に対してその安全機能が保持できること。また以下に示す弾性設計用地震動 Sd による地震力又は以下に示す静的地震力のいずれか大きい方の地震力に耐えること。
　　(b) Bクラスの各施設は、以下に示す静的地震力に耐えること。また共振のおそれのある施設については、その影響についての検討を行うこと。
　　(c) Cクラスの各施設は、以下に示す静的地震力に耐えること。
　　(d) 上記の(a)から(c)において上位の分類に属するものは、下位の分類に属するものの破損によって波及的破損が生じないこと。
　② 施設の耐震設計に用いる地震力の算定は、以下に示す方法によらなければならないこと。
　　(a) 基準地震動 Ss による地震力は、基準地震動 Ss を用いて水平方向及び鉛直方向について適切に組み合わせたものとして算定されなければならない。
　　(b) 弾性設計用地震動 Sd は、基準地震動 Ss に基づき工学的判断により設定する。また、弾性設計用地震動 Sd による地震力は、水平方向及び鉛直方向について適切に組み合わせたものとして算定されなければならない。
　　(c) 静的地震力の算定は、以下に示す方法によらなければならない。

・建物・構築物
　　水平地震力は、地震層せん断力係数 Ci に次に示す施設の重要度分類に応じた係数を乗じ、さらに当該層以上の重量を乗じて算定するものとする。
　　　　Sクラス＝3.0、Bクラス＝1.5、Cクラス＝1.0
　　ここで地震層せん断力係数 Ci は、標準せん断力係数 Co を0.2とし、建物・構築物の振動特性、地盤の種類等を考慮して求められる値とする。
　　Sクラスの施設については、水平地震力と鉛直地震力が同時に不利な方向の組合せで作用するものとする。鉛直地震力は震度0.3を基準とし、建物・構築物の振動特性、地盤の種類等を考慮して求めた鉛直震度より算定するものとする。ただし、鉛直震度は高さ方向に一定とする。

・機器・配管系
　　各耐震クラスの地震力は、上記の建物・構築物のところに示す地震層せん断力係数 Ci に施設の重要度分類に応じた係数を乗じたものを水平震度とし、当該水平震度及び上記の建物・構築物のところの鉛直震度をそれぞれ20％増しとした震度より求めるものとする。なお、水平地震力と鉛直地震力は同時に不利な方向の組合せで作用するものとする。ただし、鉛直震度は高さ方向に一定とする。

(iii) 新指針の特徴のまとめ

　新指針は、施設の耐震上の重要度の分類ごとに、想定される地震力に対して十分な耐震性を有した設計とすることを基本的な考え方としています。そして、地震学などの最新の知見や耐震設計技術の進歩を反映することによって、原子力発電所等の耐震安全性やその信頼性のより一層の向上を目指すものになっています。上記と重なるところもありますが、新指針の特徴を基準地震動の策定に関することとそれ以外のことに分けて、以下に整理します。

(イ) 基準地震動の策定に関すること
① 基準地震動（想定される地震による地面の揺れ）については、従来の水平方向に加えて鉛直方向の地震動を設定し、施設の揺れの

シミュレーションによって詳細に評価することが求められています。
② 考慮すべき活断層の活動時期の範囲が旧指針の約5万年前以内から約12～13万年前以内へと拡大されています。
③ 敷地近傍での不明瞭な活断層を見逃さないように地下の活断層等については旧指針の敷地周辺（30km）の範囲内に加え、敷地周辺のうち特に敷地に近い範囲（敷地近傍）について、より詳細な調査を実施し、さらに活断層の調査手法として新たに「地球物理学的手法」（地下の断層を探る手法）を用いることなどによって、より詳細かつ総合的な調査が求められています。
④ 地震動評価手法として、活断層での地震発生の様子を詳細にモデル化して地震動を評価することが可能な「断層モデル」が全面的に採用されています。
⑤ 旧指針の全国一律のM6.5の直下地震に替わり、これまでの国内外の観測記録を基に原子力発電所等の立地地域の特性などを考慮して、震源を特定せず策定する地震動を設定することが求められています。
⑥ 地震学的見地からは、策定された地震動を上回る強さの地震動が生起する可能性は否定できないとして、「残余のリスク」の存在を十分認識しつつ、それを合理的に実行可能な限り小さくするための努力を払うことが求められています。

(ロ) その他の特徴的な点
① 耐震設計上の重要度の分類を4段階から3段階に格上げの方向で整理し、耐震設計の要求が厳格化されています。例えば、事故時に原子炉を冷却するための施設等が最上位に格上げされています。
② 旧指針では「岩盤支持、剛構造設計」とされていましたが、新指針の基本方針では「建物・構築物は、十分な支持性能を持つ地盤に設置されなければならない。」として岩盤支持でなくてもよいとされ、また、剛構造以外の設計も認めて今後の設計に免震構造の応用が容認されています。
③ 周辺斜面崩壊、津波などの地震に伴って起こる地震随伴事象が考慮されています。

8　国際原子力事象評価尺度（INES）

　事故やトラブルの報告が国になされますと、国は IAEA と経済協力開発機構の原子力機関（OECD ／ NEA）が策定した国際原子力事象評価尺度（INES：International Nuclear Event Scale）によって、発生した事故やトラブルの大きさを評価して公表します。この尺度は、次のように重大になる順に従ってレベル１からレベル７までの７段階になっています。なお、レベル１の下には尺度以下（安全上重要でない事象）のレベル０があり、さらにその下は評価対象外（安全に関係しない事象）になります。レベル１からレベル３までは「異常な事象」（incident）とされ、レベル４からレベル７までは「事故」（accident）とされています。

（INESの尺度）

分類	尺度	内容	事例
事故	レベル７	深刻な事故	旧ソ連のチェルノブイリ発電所事故（1986年）
	レベル６	大事故	
	レベル５	所外へのリスクを伴う事故	米国のスリーマイルアイランド発電所事故（1979年）
	レベル４	所外への大きなリスクを伴わない事故	ジェー・シー・オー核燃料加工施設臨界事故（1999年）
異常な事象	レベル３	重大な異常事象	旧動燃アスファルト固化施設火災爆発事故（1997年）
	レベル２	異常事象	美浜発電所２号機蒸気発生器伝熱管損傷（1991年）
	レベル１	逸脱	高速増殖原型炉もんじゅナトリウム漏えい（1995年）
尺度以下	レベル０	安全上重要でない事象	

183

V

放射性同位元素(RI)の安全規制

1　放射線障害防止法の概要

(1) 目的と対象

　「放射性同位元素等による放射線障害の防止に関する法律」（略して、「放射線障害防止法」又は「障防法」と呼ばれます。本書では、「放射線障害防止法」といいます。）の目的は、その第1条に「原子力基本法（昭和三十年法律第百八十六号）の精神にのつとり、放射性同位元素の使用、販売、賃貸、廃棄その他の取扱い、放射線発生装置の使用及び放射性同位元素又は放射線発生装置から発生した放射線によつて汚染された物（以下「放射性汚染物」という。）の廃棄その他の取扱いを規制することにより、これらによる放射線障害を防止し、公共の安全を確保することを目的とする。」(2010年（平成22年）5月の法改正後のもの）とあり、放射性同位元素の使用等において放射線障害を防止し、公共の安全を確保することが目的となっています。放射性同位元素の使用等に係ることは、基本的に全てこの法律により規制されることになります。なお、本章で単に「法」という場合は、放射線障害防止法のことを指します。

　同法第2条の定義では、次に掲げるものがこの法律の規制の対象として示されています。

① 「放射線」は、原子力基本法とその定義政令（「核燃料物質、核原料物質、原子炉及び放射線の定義に関する政令」）で定めるものと同じとしており、電磁波又は粒子線のうち、直接又は間接に空気を電離する能力をもつもので、政令（「放射性同位元素等による放射線障害の防止に関する法律施行令」、以下「放射線障害防止法施行令」といいます。）で定める次のものをいいます。
　　(a)　アルファ線、重陽子線、陽子線その他の重荷電粒子線及びベータ線
　　(b)　中性子線
　　(c)　ガンマ線及び特性エックス線（軌道電子捕獲に伴って発生する特性エックス線に限る。）
　　(d)　1メガ電子ボルト以上のエネルギーを有する電子線及びエッ

クス線

　特に放射線障害防止法では、原子炉等規制法と異なり、上記(d)のように１メガ電子ボルト以上のエネルギーを有する電子線及びエックス線を規制対象としていることによって、労働安全衛生法（具体的には、同法に基づく「電離放射線障害防止規則」）に基づくエックス線発生装置に対する規制と二重の規制にならないようにされています。
② 「放射性同位元素」は、りん32、コバルト60等放射線を放出する同位元素及びその化合物並びにこれらの含有物（機器に装備されているこれらのものを除く。）で政令で定めるもの、すなわち放射線を放出する同位元素の数量及び濃度がその種類ごとに文部科学大臣が定める数量及び濃度（以下「下限数量」といいます。）を超えるものとする（放射線障害防止法施行令第１条）と定義されています。ただし、次に掲げるものは放射線障害防止法の規制の対象外とされています。
　(a) 原子力基本法第３条第２号に規定する核燃料物質及び同条第３号に規定する核原料物質
　(b) 薬事法第２条第１項に規定する医薬品及びその原料又は材料であって同法第13条第１項の許可を受けた製造所に存するもの
　(c) 医療法第１条の５第１項に規定する病院又は同条第２項に規定する診療所（次の(d)において「病院等」という。）において行われる薬事法第２条第16項に規定する治験の対象とされる薬物
　(d) 上記(b)と(c)に規定するもののほか、陽電子放射断層撮影装置による画像診断に用いられる薬物その他の治療又は診断のために医療を受ける者に対し投与される薬物であって、当該治療又は診断を行う病院等において調剤されるもののうち、文部科学大臣が厚生労働大臣と協議して指定するもの
　(e) 薬事法第２条第４項に規定する医療機器で、文部科学大臣が厚生労働大臣又は農林水産大臣と協議して指定するものに装備されているもの

　以上のように放射線障害防止法の規制の対象となる「放射性同位元素」は、放射性同位元素の物質の中で下限数量（所定の数量及び

濃度）を超えるものとされています。ただし、原子炉等規制法が規制の対象としている核燃料物質と核原料物質は放射線障害防止法の規制の対象とはされず、また医療法・薬事法が規制の対象としている放射性医薬品も同様に放射線障害防止法の規制の対象とはされていません。

　放射線障害防止法は、放射性同位元素については下限数量を超えるものを規制の対象とすることを明確に示していることが重要な点です。これは、「Ⅳ．5．クリアランス制度」のところでみた「免除（exemption）」の考え方に立った規制のやり方ということになります。この下限数量は、具体的には「放射線を放出する同位元素の数量等を定める件」に示されています。

③　「放射性同位元素装備機器」は、「硫黄計その他の放射性同位元素を装備している機器をいう。」とされています。後述しますが、この中で表示付認証機器となったものは規制が合理化されています。

④　「放射線発生装置」は、「サイクロトロン、シンクロトロン等荷電粒子を加速することにより放射線を発生させる装置で政令で定めるものをいう。」とされています。なお、放射線発生装置の具体的なものは、放射線障害防止法施行令第2条及び告示（「荷電粒子を加速することにより放射線を発生させる装置として指定する件」）により指定されています。

(2)　法律の構成

　放射線障害防止法は、「第一章　総則」、「第二章　使用の許可及び届出、販売及び賃貸の業の届出並びに廃棄の業の許可」、「第二章の二　表示付認証機器等」、「第三章　許可届出使用者、届出販売業者、届出賃貸業者、許可廃棄業者等の義務」、「第四章　放射線取扱主任者」、「第五章　登録認証機関等」、「第六章　雑則」、「第七章　罰則」、「第八章　外国船舶に係る担保金等の提供による釈放等」の計9章から構成されています。第八章を除いた残りの8章のうち、第一章には同法の規制の対象とするものが示され、第二章には放射性同位元素の使用等をする者の手続きが示され、第三章にはそれらの者の遵守すべき義務が示されています。また、第二章の二には表示付認証機器等の規制に関することが示されて

います。残りの第四章、第五章と第六章には共通の規制に関することが示され、第七章には罰則が示されています。

　この法律により規制の対象となる者は、次の６種類の事業者であり、全て文部科学大臣が規制します。
　① 　許可使用者（第３条）
　② 　届出使用者（第３条の２）
　③ 　表示付認証機器届出使用者（第３条の３）
　④ 　届出販売業者（第４条）
　⑤ 　届出賃貸業者（第４条）
　⑥ 　許可廃棄業者（第４条の２）

　これらの事業者名からみることができるように放射性同位元素の使用は許可又は届出が必要になり、放射性同位元素等の廃棄の業は許可が必要になり、また、表示付認証機器の使用、放射性同位元素の販売の業と賃貸の業は届出が必要になります。

　以下、具体的な規制の内容をみていきますが、放射性同位元素を装備している機器で表示付認証機器（表示付特定認証機器を含みます。）は、放射性同位元素の使用の許可や届出をするものに比べて規制が緩和されていますので、区別して取りあげることにします。

　なお、放射線障害防止法は2010年（平成22年）に、クリアランス制度の導入、放射化物に対する規制、廃止措置の強化、譲渡譲受制限の合理化、罰則の強化などを内容とする法改正がなされました。公布（同年５月10日）から２年以内の施行となっていますが、現時点ではまだ施行されていませんので、改正内容に関する説明は要点のみにしています。

2　放射性同位元素の使用等の安全規制

(1) 使用の許可・届出等

　放射性同位元素の使用等は、放射線障害防止法の下で放射線障害防止法施行令、「放射性同位元素等による放射線障害の防止に関する法律施

189

行規則」(以下「放射線障害防止法施行規則」といいます。) などにより、詳細な規制の内容が規定されています。

(i) 使用の許可又は届出

　上述のように同法の規制の対象となる放射性同位元素は、放射線障害防止法施行令第1条により、数量及び濃度が下限数量を超えるものとされています。この下限数量の具体的な数値は、「放射線を放出する同位元素の数量等を定める件」に定められています。その例は、次の通りです。

(放射性同位元素の下限数量の例) （Bq＝ベクレル、Bq／g＝ベクレル／グラム）

第1欄		第2欄	第3欄
放射線を放出する同位元素の種類		数量(Bq)	濃度(Bq／g)
核種	化学形態		
H－3		1×10^9	1×10^6
C－14	一酸化物及び二酸化物以外のもの	1×10^7	1×10^4
Na－22		1×10^6	1×10^1

　以下にみるように放射線障害防止法の規制対象となるのは、上記の表の第2欄の数量と第3欄の濃度の両方をともに超える場合になります。ここで数量と濃度の欄にあるBq（ベクレル）は、放射性物質の量の単位であり、放射線の線量の単位であるシーベルトやグレイとは別のものです。

　同法第3条により、放射性同位元素であってその種類若しくは密封の有無に応じて政令で定める数量を超えるもの又は放射線発生装置の使用（製造、詰替え及び装備（放射性同位元素装備機器に放射性同位元素を装備する場合に限る。）を含む。以下同じ。）をしようとする者は、政令で定めるところにより、文部科学大臣の許可を受けなければならないとされています。また同法第3条の2により、使用の許可の対象となる放射性同位元素以外の放射性同位元素を使用しようとする者は、政令で定めるところにより、あらかじめ文部科学大臣に届け出なければならないとされています。このように放射性同位元素の使用

については、使用の許可又は使用の届出の手続きをとることが義務づけられています。許可を受けた者を許可使用者といい、届出をした者を届出使用者といい、両者を合わせて許可届出使用者といいます。ただし、同法第12条の5第2項に規定する表示付認証機器及び同法第12条の5第3項に規定する表示付特定認証機器の使用をする者については使用の許可又は使用の届出は求められておらず、別の手続きに委ねられています。また放射線発生装置の使用については、許可をとることが義務づけられています。

　放射性同位元素の規制においては、その数量や濃度の大小に加えて、その放射性同位元素が密封されているか、密封されていない（非密封）かが重要なことになります。非密封のものは飛散等の危険性がありますので、それだけ厳しい規制が必要になります。

　放射性同位元素の使用の許可が必要なものと届出が必要なものとの区別については、放射線障害防止法施行令第3条第1項により、使用の許可をとることが必要な放射性同位元素の数量は、「その種類ごとに、密封されたものにあつては下限数量に千を乗じて得た数量とし、密封されていないものにあつては下限数量と同じ数量とする。」とされています。すなわち密封された放射性同位元素で下限数量の1000倍を超えるものと、非密封の放射性同位元素で下限数量を超えるものは使用の許可が必要になります。それ以外の放射性同位元素で下限数量を超えるもの、すなわち密封の放射性同位元素で下限数量を超え、下限数量の1000倍以下のものについては、届出が必要になります。さらに同施行令第3条第2項では、「許可は、工場又は事業所ごとに受けなければならない。」とされ、同施行令第4条第1項では、「届出は、工場又は事業所ごとにしなければならない。」とされています。これらのことをまとめると次のようになります。

（放射性同位元素の使用等に係る許可又は届出の対象）

放射性同位元素の種類・数量など	許可又は届出の手続きの単位	許可又は届出
非密封の放射性同位元素でその数量が下限数量を超えるもの	工場又は事業所ごと	許可

密封の放射性同位元素でその数量が下限数量の1000倍を超えるもの	工場又は事業所ごと	許可
放射線発生装置	工場又は事業所ごと	許可
密封の放射性同位元素でその数量が下限数量を超え、下限数量の1000倍以下のもの	工場又は事業所ごと	届出

(密封された放射性同位元素は1個当たり（通常1組又は一式をもって使用する物にあっては1組又は一式とする。）の数量が表の数値に該当するものとする。)

　使用の許可の基準は同法第6条に示されており、使用施設、貯蔵施設と廃棄施設のそれぞれの位置、構造及び設備が技術上の基準（使用施設については放射線障害防止法施行規則第14条の7、貯蔵施設については同規則第14条の9、廃棄施設については同規則第14条の11）に適合するものであることと、その他放射性同位元素若しくは放射性同位元素によって汚染された物又は放射線発生装置による放射線障害のおそれがないこととされています。

(ii) 販売及び賃貸の業の届出

　同法第4条により、放射性同位元素を業として販売し、又は賃貸しようとする者は、政令で定めるところにより、あらかじめ、文部科学大臣に届け出なければならないとされ、それぞれの届出をした者を届出販売業者、届出賃貸業者といいます。ただし、表示付特定認証機器を業として販売又は賃貸する者については、販売又は賃貸の業の届出は必要ではないとされています。

(iii) 廃棄の業の許可

　同法第4条の2により、放射性同位元素又は放射性同位元素によって汚染された物を業として廃棄しようとする者は、政令で定めるところにより、文部科学大臣の許可を受けなければならないとされ、その許可を受けた者を許可廃棄業者といいます。廃棄の業の許可の基準は同法第7条に示されており、廃棄物詰替施設、廃棄物貯蔵施設と廃棄施設のそれぞれの位置、構造及び設備が技術上の基準（廃棄物詰替施設については放射線障害防止法施行規則第14条の8、廃棄物貯蔵施設については同規則第14条の10、廃棄施設については同規則第14条の

11)に適合するものであることと、その他放射性同位元素若しくは放射性同位元素によって汚染された物による放射線障害のおそれがないこととされています。

(2) 許可届出使用者等の義務

表示付認証機器使用者を除いた許可届出使用者（許可使用者と届出使用者）、届出販売業者、届出賃貸業者及び許可廃棄業者に課せられる義務をみていきます。

まず、許可使用者の中でも特定許可使用者は許可廃棄業者とともに特別の義務が課せられますが、特定許可使用者は同法第12条の8第1項及び放射線障害防止法施行令第13条で定義される次の者をいいます。

① 密封線源については、放射性同位元素を密封した物1個（あるいは1組又は一式）当たりの数量が10テラベクレル以上のものを使用し（放射性同位元素装備機器に装備されているものにあっては1台に装備されている放射性同位元素の総量が10テラベクレル以上のものを使用）、貯蔵能力が10テラベクレル以上の貯蔵施設を設置する許可使用者

② 非密封線源については、貯蔵能力がその種類ごとに下限数量の10万倍以上の貯蔵施設を設置する許可使用者

③ 放射線発生装置を使用する許可使用者

特定許可使用者を含む許可届出使用者等に課せられる義務は、次のようになります。

○［施設検査］（特定許可使用者と許可廃棄業者が対象）同法第12条の8第1項により、特定許可使用者は使用施設、貯蔵施設若しくは廃棄施設（以下「使用施設等」という。）を設置したときは、文部科学大臣又は文部科学大臣の登録を受けた者（以下「登録検査機関」という。）の検査を受け、これに合格した後でなければ当該使用施設等の使用をしてはならないとされています。また同条第2項により、許可廃棄業者についても廃棄物詰替施設、廃棄物貯蔵施設若しくは廃棄施設（以下「廃棄物詰替施設等」という。）を設置したときは、文部科学大臣又は登録検査機関の検査を受け、これに合格した後でなければ当該廃棄物詰替施設等の使用をしてはならないとさ

れています。

○［定期検査］（特定許可使用者と許可廃棄業者が対象）同法第12条の9により、特定許可使用者と許可廃棄業者は、それぞれの施設について放射線障害防止法施行令第14条で定める期間ごと（特定許可使用者（非密封線源を使用する者）及び許可廃棄業者の施設については、施設検査に合格した日又は前回の定期検査を受けた日から3年以内、特定許可使用者（密封線源を使用する者と放射線発生装置を使用する者）の施設については、施設検査に合格した日又は前回の定期検査を受けた日から5年以内とされています。）に、文部科学大臣又は登録検査機関の定期検査を受けなければならないとされています。

○［定期確認］（特定許可使用者と許可廃棄業者が対象）同法第12条の10により、特定許可使用者又は許可廃棄業者は(イ)同法第20条で求められる測定がなされ、その結果についての記録が作成され、保存されていること、(ロ)同法第25条で求められる帳簿が記載され、保存されていることについて放射線障害防止法施行令第15条で定める期間ごと（特定許可使用者（非密封線源を使用する者）及び許可廃棄業者については、施設検査に合格した日又は前回の定期確認を受けた日から3年以内、特定許可使用者（密封線源を使用する者と放射線発生装置を使用する者）については、施設検査に合格した日又は前回の定期確認を受けた日から5年以内とされています。）に、文部科学大臣又は登録検査機関の定期確認を受けなければならないとされています。

○［使用施設等の基準適合義務］（許可届出使用者と許可廃棄業者が対象）同法第13条により、許可使用者はその使用施設、貯蔵施設及び廃棄施設の位置、構造及び設備を、届出使用者はその貯蔵施設の位置、構造及び設備を、許可廃棄業者はその廃棄物詰替施設、廃棄物貯蔵施設及び廃棄施設の位置、構造及び設備を、それぞれその技術上の基準に適合するように維持しなければならないとされ、使用施設等の基準適合義務が課せられています。また、同法第14条により、文部科学大臣はそれらの技術上の基準に適合していないと認めるときは修理等を命ずることができるとされています。これらの技

術上の基準については、許可使用者については放射線障害防止法施行規則第14条の7、第14条の9と第14条の11、届出使用者については同規則第14条の9、許可廃棄業者については同規則第14条の8、第14条の10と第14条の11に示されています。

○［使用の基準］（許可届出使用者が対象）同法第15条により、許可届出使用者は、放射性同位元素又は放射線発生装置の使用をする場合においては、技術上の基準に従って放射線障害の防止のために必要な措置を講じなければならないとされ、使用の基準を遵守する義務が課せられています。この技術上の基準は、放射線障害防止法施行規則第15条に示されています。

○［保管の基準等］（全ての事業者が対象）同法第16条第1項により、許可届出使用者及び許可廃棄業者は、放射性同位元素又は放射性同位元素によって汚染された物を保管する場合においては、技術上の基準に従って放射線障害の防止のために必要な措置を講じなければならないとされ、保管の基準を遵守する義務が課せられています。さらに同条第3項により、届出販売業者又は届出賃貸業者は、放射性同位元素又は放射性同位元素によって汚染された物の保管については、許可届出使用者に委託しなければならないとされています。保管の技術上の基準は、放射線障害防止法施行規則第17条に示されています。

○［事業所等における運搬の基準］（許可届出使用者と許可廃棄業者が対象）同法第17条により、許可届出使用者及び許可廃棄業者は、放射性同位元素又は放射性同位元素によって汚染された物を工場又は事業所で運搬する場合においては、技術上の基準に従って放射線障害の防止のために必要な措置を講じなければならないとされ、事業所等における運搬の基準を遵守する義務が課せられています。この技術上の基準は、放射線障害防止法施行規則第18条及び「放射性同位元素又は放射性同位元素によつて汚染された物の工場又は事業所における運搬に関する技術上の基準に係る細目等を定める告示」に示されています。

○［事業所外における運搬に関する確認等］（全ての事業者と運搬を委託された者が対象）同法第18条第1項により、許可届出使用者、

届出販売業者、届出賃貸業者及び許可廃棄業者並びにこれらの者から運搬を委託された者は、放射性同位元素又は放射性同位元素によって汚染された物を工場又は事業所の外で運搬する場合においては、技術上の基準に従って放射線障害の防止のために必要な措置を講じなければならないとされ、事業所外運搬の基準を遵守する義務が課せられています。この技術上の基準等は、放射線障害防止法施行規則第18条の2から第18条の13に示されています。また、より詳細には「放射性同位元素又は放射性同位元素によって汚染された物の工場又は事業所の外における運搬に関する技術上の基準に係る細目等を定める告示」に示されています。

核燃料物質等の輸送と放射性同位元素等の輸送はともに「IAEA輸送規則」に従っているため、基本的には同じ規制の内容になっています。L型輸送物、IP－1型輸送物、IP－2型輸送物、IP－3型輸送物、A型輸送物、BM型輸送物やBU型輸送物の分類とそれぞれに求められる条件は、両者同じになっています。ただし、放射線障害防止法は核分裂性物質は対象としていませんので、核燃料物質等の輸送の場合に規定されている核分裂性物質の輸送に求められる規定は、放射性同位元素等の輸送の場合には対象となりません。輸送物の区分と条件等については、「Ⅳ．6．輸送の安全規制」の輸送物の技術上の基準と試験条件の表［注：放射性同位元素等の輸送の場合］など（P.172）を参照して下さい。

同法第18条第2項により、事業所外運搬において放射線障害防止のため、特に必要がある場合として放射線障害防止法施行令第16条及び放射線障害防止法施行規則第18条の14で定める場合に該当するとき（すなわち一定数量以上の輸送物（ＢＭ型輸送物又はＢＵ型輸送物）を運搬する場合）は、次のような2つの種類の確認をそれぞれ受けなければならないとされています（陸上輸送の場合）。

　(イ)　運搬方法確認（国土交通大臣の登録を受けた者又は国土交通大臣が行う。）
　(ロ)　運搬物確認（文部科学大臣の登録を受けた者又は文部科学大臣が行う。）

なお、同法第18条第3項では運搬物の容器について、あらかじめ

文部科学大臣の承認（これを「輸送容器の承認」といいます。）を受けることができることについて、また同条第5項では、運搬に係る都道府県公安委員会に対する届出について規定されています。また、海上輸送と航空輸送の場合の運搬の基準は、船舶安全法に基づく「危険物船舶運送及び貯蔵規則」と航空法に基づく「航空法施行規則」にそれぞれ定められており、運搬方法確認と運搬物確認は、ともに国土交通大臣によって行われます。運搬物の輸送容器の承認も国土交通大臣によってなされ、海上輸送の場合は事前に運搬経路等について管区海上保安本部の長に対する届出が必要になります。

○ ［廃棄の基準等］（全ての事業者が対象）同法第19条第1項により、許可届出使用者及び許可廃棄業者は、放射性同位元素又は放射性同位元素によって汚染された物を工場又は事業所において廃棄する場合においては、技術上の基準に従って放射線障害の防止のために必要な措置を講じなければならないとされ、事業所内廃棄の基準を遵守する義務が課せられています。さらに同条第4項では、届出販売業者又は届出賃貸業者は、放射性同位元素又は放射性同位元素によって汚染された物の廃棄については、許可届出使用者又は許可廃棄業者に委託しなければならないとされています。廃棄の技術上の基準は、放射線障害防止法施行規則第19条に示されています。

○ ［事業所外の廃棄に関する確認］（許可届出使用者と許可廃棄業者が対象）同法第19条の2第1項により、許可届出使用者及び許可廃棄業者は、放射性同位元素又は放射性同位元素によって汚染された物を工場又は事業所の外で廃棄する場合において、放射線障害の防止のために特に必要がある場合として放射線障害防止法施行令で定める場合に該当するときは、その廃棄に関する措置が技術上の基準に適合することについて、文部科学大臣の確認を受けなければならないとされています。

○ ［埋設確認］（許可廃棄業者が対象）同法第19条の2第2項により、廃棄物埋設をしようとする許可廃棄業者は、その都度、当該廃棄物埋設において講ずる措置が技術上の基準に適合することについて、文部科学大臣又は文部科学大臣の登録を受けた者の確認（埋設確認）を受けなければならないとされています。

○［測定］（許可届出使用者と許可廃棄業者が対象）同法第20条により、許可届出使用者及び許可廃棄業者は、放射線障害のおそれのある場所について、放射線の量及び放射性同位元素による汚染の状況を測定することと、使用施設、廃棄物詰替施設、貯蔵施設、廃棄物貯蔵施設又は廃棄施設に立ち入った者について、その者の受けた放射線の量及び放射性同位元素による汚染の状況を測定することが求められ、また、それらの測定の結果について記録の作成、保存等を講じなければならないとされ、必要な測定等の義務が課せられています。

○［放射線障害予防規程］（全ての事業者が対象）同法第21条により、許可届出使用者、届出販売業者（表示付認証機器等のみを販売する者を除く。）、届出賃貸業者（表示付認証機器等のみを賃貸する者を除く。）及び許可廃棄業者は、放射線障害を防止するため、使用等のそれぞれの業を開始する前に放射線障害予防規程を作成し、文部科学大臣に届け出なければならないとされ、放射線障害予防規程の作成と届出の義務が課せられています。

○［教育訓練］（許可届出使用者と許可廃棄業者が対象）同法第22条により、許可届出使用者及び許可廃棄業者は、使用施設、廃棄物詰替施設、貯蔵施設、廃棄物貯蔵施設又は廃棄施設に立ち入る者に対し放射線予防規程の周知その他を図るほか、放射線障害を防止するために必要な教育及び訓練を施さなければならないとされ、教育訓練の義務が課せられています。

○［健康診断］（許可届出使用者と許可廃棄業者が対象）同法第23条により、許可届出使用者及び許可廃棄業者は、使用施設、廃棄物詰替施設、貯蔵施設、廃棄物貯蔵施設又は廃棄施設に立ち入る者に対し健康診断を行わなければならず、また、その結果について記録の作成、保存等を講じなければならないとされ、健康診断の義務が課せられています。

○［放射線障害を受けた者又は受けたおそれのある者に対する措置］（全ての事業者が対象）同法第24条により、許可届出使用者（表示付認証機器使用者を含む。）、届出販売業者、届出賃貸業者及び許可廃棄業者は、放射線障害を受けた者又は受けたおそれのある者に対し、使用施設、廃棄物詰替施設、貯蔵施設、廃棄物貯蔵施設又は廃

棄施設への立入りの制限その他保健上必要な措置を講じなければならないとされ、放射線障害を受けた者等への措置の義務が課せられています。

○［記帳義務］（全ての事業者が対象）同法第25条により、許可届出使用者、届出販売業者、届出賃貸業者及び許可廃棄業者は、帳簿を備え、求められる事項を記載しなければならないとされ、記帳の義務が課せられています。

○［使用の廃止等の届出］（全ての事業者が対象）同法第27条により、許可届出使用者（表示付認証機器届出使用者を含む。）がその許可又は届出に係る放射性同位元素若しくは放射線発生装置のすべての使用を廃止したとき、又は届出販売業者、届出賃貸業者若しくは許可廃棄業者がその業を廃止したときは、それらの者はその旨を文部科学大臣に届け出なければならないとされ、使用の廃止や業の廃止における届出の義務が課せられています。

○［許可の取消し、使用の廃止等に伴う措置］（全ての事業者が対象）同法第28条により、許可を取り消された許可使用者若しくは許可廃棄業者又は使用の廃止等の届出をしなければならない者は、その所有する放射性同位元素を許可届出使用者、届出販売業者、届出賃貸業者若しくは許可廃棄業者に譲り渡し、放射性同位元素による汚染を除去し、又は放射性同位元素若しくは放射性同位元素によって汚染された物を廃棄する等の措置を講じなければならない、また、その講じた措置を文部科学大臣に報告しなければならないとされ、許可の取消し、使用の廃止等に伴う措置が義務づけられています。

○［平成22年5月の法改正による同法第28条の改正内容］許可の取消し、使用の廃止等に伴う措置を講じようとするときは、あらかじめ、当該措置に関する計画（以下「廃止措置計画」という。）を定め、文部科学大臣に届け出なければならないとされ、また廃止措置計画に記載した措置が終了したときは、遅滞なく、その旨及びその講じた内容を文部科学大臣に報告しなければならないとされ、廃止措置計画に従って廃止措置を行うことが義務づけられています。

○［所持の制限］同法第30条により、放射性同位元素は、法令に基づく所持の場合のほか、所持してはならないとされ、何人も法令に基

づかずに放射性同位元素を所持することは禁じられています。
○［放射線源登録制度］放射線源に対するセキュリティ確保のため、2009年（平成21年）に放射線源登録制度が設けられました（放射線障害防止法施行規則第39条第4項～第6項）。この制度の内容は、許可届出使用者等が、密封された放射線源であって人の健康に重大な影響を及ぼすおそれがあるものとして文部科学大臣が定めるもの（「特定放射性同位元素」と定義され、具体的には「密封された放射性同位元素であって人の健康に重大な影響を及ぼすおそれがあるものを定める告示」に示されています。）の製造、輸入、受入れ又は払出しや廃棄を行ったときは当該情報を15日以内に文部科学大臣に報告しなければならないこと、毎年3月31日に所持している特定放射性同位元素について3月以内に文部科学大臣に報告しなければならないことなどになっています。

(3) 放射線取扱主任者

同法第34条により、許可届出使用者、届出販売業者、届出賃貸業者及び許可廃棄業者は、放射線障害の防止について監督を行わせるため、次の区分に従い、それぞれに定める者のうちから、放射線取扱主任者を選任しなければならないとされています。

① 特定許可使用者、密封されていない放射性同位元素の使用をする許可使用者又は許可廃棄業者については、第一種放射線取扱主任者免状を有する者
② 上記①に規定する以外の許可使用者については、第一種放射線取扱主任者免状又は第二種放射線取扱主任者免状を有する者
③ 届出使用者、届出販売業者又は届出賃貸業者については、第一種放射線取扱主任者免状、第二種放射線取扱主任者免状又は第三種放射線取扱主任者免状を有する者

なお、表示付認証機器のみを使用する者は、放射線取扱主任者の選任の義務はありません。

放射線取扱主任者免状については、同法第35条により、第一種放射線取扱主任者免状と第二種放射線取扱主任者免状を得るためには、それぞれの試験に合格することと講習の修了とが必要であり、第三種放射線取

扱主任者免状を得るためには、講習を修了することが必要であるとされています。また同法第36条第2項により、「使用施設、廃棄物詰替施設、貯蔵施設、廃棄物貯蔵施設又は廃棄施設に立ち入る者は、放射線取扱主任者がこの法律若しくはこの法律に基づく命令又は放射線障害予防規程の実施を確保するためにする指示に従わなければならない。」とされ、使用施設等に立ち入る者に対して放射線取扱主任者の指示に従うことが義務づけられています。同法第36条の2により、許可届出使用者等は放射線取扱主任者に対して定期講習を受けさせることが義務づけられています。

(放射性同位元素の使用等（表示付認証機器の使用に係るものを除く。）に関する規制等のまとめ）

(注：該当条文は放射線障害防止法の条数を指す。)

規制の分類	規制の内容	該当条文	政令、規則等
(1)定義	放射性同位元素	第2条	放射線障害防止法施行令第1条、数量告示第1条
	放射性同位元素装備機器	第2条	
	放射線発生装置	第2条	放射線障害防止法施行令第2条、数量告示第2条、放射線発生装置告示
(2)許可・届出	使用の許可	第3条	放射線障害防止法施行令第3条、第8条、放射線障害防止法施行規則第2条
	使用の許可の基準	第6条	放射線障害防止法施行規則第14条の7（使用施設の技術基準）、第14条の9（貯蔵施設の技術基準）、第14条の11（廃棄施設の技術基準）
	特定許可使用者	第12条の8第1	放射線障害防止法

201

規制の分類	規制の内容	該当条文	政令、規則等
		項	施行令第13条
	使用の届出	第3条の2	放射線障害防止法施行令第4条、放射線障害防止法施行規則第3条、第4条
	販売及び賃貸の業の届出	第4条	放射線障害防止法施行令第6条、放射線障害防止法施行規則第6条、第6条の2
	廃棄の業の許可	第4条の2	放射線障害防止法施行令第7条、第10条、放射線障害防止法施行規則第7条
	廃棄の業の許可の基準	第7条	放射線障害防止法施行規則第14条の8（廃棄物詰替施設の技術基準）、第14条の10（廃棄物貯蔵施設の技術基準）、第14条の11（廃棄施設の技術基準）
(3)遵守すべき義務	施設検査	第12条の8	①特定許可使用者、許可廃棄業者が対象 ②放射線障害防止法施行令第13条、放射線障害防止法施行規則第14条の13～第14条の16
	定期検査	第12条の9	①特定許可使用者、許可廃棄業者が対象 ②放射線障害防止法施行令第14条、放射線障害防止法施行規則第14条の17～第14条の19

規制の分類	規制の内容	該当条文	政令、規則等
	定期確認	第12条の10	①特定許可使用者、許可廃棄業者が対象 ②放射線障害防止法施行令第15条、放射線障害防止法施行規則第14条の20、第14条の21
	使用施設等の基準適合義務	第13条	許可届出使用者、許可廃棄業者が対象
	使用施設等の基準適合命令	第14条	許可届出使用者、許可廃棄業者が対象
	使用の基準	第15条	①許可届出使用者が対象 ②放射線障害防止法施行規則第15条
	保管の基準等	第16条	①許可届出使用者、許可廃棄業者に措置義務。届出販売業者と届出賃貸業者は許可届出使用者に保管を委託。 ②放射線障害防止法施行規則第17条
	事業所等における運搬の基準	第17条	①許可届出使用者、許可廃棄業者が対象 ②放射線障害防止法施行規則第18条、内運搬技術基準告示
	事業所外における運搬に関する確認等［注：詳細は本表の「(4)事業所外運搬」に記載］	第18条	①全ての事業者及びこれらの者から運搬を委託された者が対象 ②放射線障害防止法施行令第16条、放射線障害防止法

規制の分類	規制の内容	該当条文	政令、規則等
			施行規則第18条の2～第18条の20
	廃棄の基準等	第19条	①許可届出使用者、許可廃棄業者に措置義務。届出販売業者と届出賃貸業者は許可届出使用者か許可廃棄業者に廃棄を委託。②放射線障害防止法施行規則第19条
	事業所外の廃棄に関する確認	第19条の2第1項	①許可届出使用者、許可廃棄業者が対象②放射線障害防止法施行令第19条
	埋設確認	第19条の2第2項	①許可廃棄業者が対象②放射線障害防止法施行規則第19条の2、第19条の3
	測定	第20条	①許可届出使用者、許可廃棄業者が対象②放射線障害防止法施行規則第20条、第20条の2
	放射線障害予防規程	第21条	①許可届出使用者、届出販売業者（表示付認証機器等のみを販売する者を除く。）、届出賃貸業者（表示付認証機器等のみを賃貸する者を除く。）、許可廃棄業者が対象②放射線障害防止法施行規則第21条
	教育訓練	第22条	①許可届出使用者、許可廃棄業者

規制の分類	規制の内容	該当条文	政令、規則等
			が対象 ②放射線障害防止法施行規則第21条の2
	健康診断	第23条	①許可届出使用者、許可廃棄業者が対象 ②放射線障害防止法施行規則第22条、第22条の2
	放射線障害を受けた者又は受けたおそれのある者に対する措置	第24条	①許可届出使用者(表示付認証機器使用者を含む。)、届出販売業者、届出賃貸業者、許可廃棄業者が対象 ②放射線障害防止法施行規則第23条
	記帳義務	第25条	①全ての事業者が対象 ②放射線障害防止法施行規則第24条、第24条の2
	許可の取消し等	第26条	
	合併等	第26条の2	放射線障害防止法施行規則第24条の3、第24条の4
	使用の廃止等の届出	第27条	①全ての事業者が対象 ②放射線障害防止法施行規則第25条
	許可の取消し、使用の廃止等に伴う措置	第28条	①放射線障害防止法施行規則第26条 ②廃止措置計画については、平成22年5月法律第30号により改正され、公布の日から2年以内に施行
	譲渡し、譲受け等の制限	第29条	放射線障害防止法

205

規制の分類	規制の内容	該当条文	政令、規則等
			施行規則第27条
	所持の制限	第30条	放射線障害防止法施行規則第28条
	海洋投棄の制限	第30条の2	
	取扱いの制限	第31条	
	事故届	第32条	
	危険時の措置	第33条	放射線障害防止法施行規則第29条
	クリアランス制度	第33条の2	平成22年5月法律第30号により改正され、公布の日から2年以内に施行
	放射線源登録制度	第42条	放射線障害防止法施行規則第39条第4項〜第6項
(4)事業所外運搬	運搬(全般)	第18条	①全ての事業者及びこれらの者から運搬を委託された者が対象 ②放射線障害防止法施行令第16条、放射線障害防止法施行規則第18条の2〜第18条の20
	運搬に関する技術基準に従った措置	第18条第1項	放射線障害防止法施行規則第18条の2〜第18条の13、外運搬技術基準告示
	運搬物確認	第18条第2項	放射線障害防止法施行令第16条、放射線障害防止法施行規則第18条の4〜第18条の16、外運搬技術基準告示
	運搬方法確認	第18条第2項	放射線障害防止法施行令第16条、RI車両運搬規則

規制の分類	規制の内容	該当条文	政令、規則等
	輸送容器の承認	第18条第3項	放射線障害防止法施行規則第18条の17〜第18条の20
	都道府県公安委員会への届出等	第18条第5項〜第8項	放射線障害防止法施行令第17条、第18条、RI運搬届出令
	事業所外運搬に係る危険時の措置	第33条第1項、第3項	RI事業所外運搬危険時措置規則
(5)放射線取扱主任者	放射線取扱主任者の選任・届出	第34条	放射線障害防止法施行規則第30条、第31条
	放射線取扱主任者免状	第35条	放射線障害防止法施行規則第34条〜第38条の3
	放射線取扱主任者の義務等	第36条	
	定期講習	第36条の2	放射線障害防止法施行規則第32条
(6)報告徴収等	報告徴収	第42条	放射線障害防止法施行規則第39条
	立入検査	第43条の2、第43条の3	

(放射線障害防止法施行令＝放射性同位元素等による放射線障害の防止に関する法律施行令、放射線障害防止法施行規則＝放射性同位元素等による放射線障害の防止に関する法律施行規則、RI車両運搬規則＝放射性同位元素等車両運搬規則、RI運搬届出令＝放射性同位元素等の運搬の届出等に関する内閣府令、RI事業所外運搬危険時措置規則＝放射性同位元素等の事業所外運搬に係る危険時における措置に関する規則、数量告示＝放射線を放出する同位元素の数量等を定める件、放射線発生装置告示＝荷電粒子を加速することにより放射線を発生させる装置として指定する件、内運搬技術基準告示＝放射性同位元素又は放射性同位元素によつて汚染された物の工場又は事業所における運搬に関する技術上の基準に係る細目等を定める告示、外運搬技術基準告示＝放射性同位元素又は放射性同位元素によつて汚染された物の工場又は事業所の外における運搬に関する技術上の基準に係る細目等を定める告示)

(4) 表示付認証機器の使用の規制

　表示付認証機器や表示付特定認証機器を使用する場合は、同法第3条に基づく使用の許可又は同法第3条の2に基づく使用の届出が必要とはされておらず、より効率化、簡易化された手続きになっています。

(ⅰ) 設計認証等

○ ［設計認証］同法第12条の2第1項により、放射性同位元素装備機器を製造し、又は輸入しようとする者は、政令で定めるところにより、当該放射性同位元素装備機器の放射線障害防止のための機能を有する部分の設計並びに当該放射性同位元素装備機器の年間使用時間その他の使用、保管及び運搬に関する条件について、文部科学大臣又は文部科学大臣の登録を受けた者（以下「登録認証機関」という。）の認証（以下「設計認証」という。）を受けることができるとされ、放射性同位元素装備機器を製造しようとする者などは、設計認証を受けることができるとされています。設計認証の対象となる機器としては、ガスクロマトグラフ用エレクトロン・キャプチャ・ディテクタなどがあります。

○ ［特定設計認証］同法第12条の2第2項により、その構造、装備される放射性同位元素の数量等からみて放射線障害のおそれが極めて少ないものとして政令で定める放射性同位元素装備機器を製造し、又は輸入しようとする者は、政令で定めるところにより、当該放射性同位元素装備機器の放射線障害防止のための機能を有する部分の設計並びに当該放射性同位元素装備機器の使用、保管及び運搬に関する条件（年間使用時間に係るものを除く。）について、文部科学大臣又は登録認証機関の認証（以下「特定設計認証」という。）を受けることができるとされ、特定設計認証の制度が設けられています。放射線障害防止法施行令第12条で、特定設計認証を受けることができる放射性同位元素装備機器として煙感知器、レーダー受信部切替放電管などが指定されています。

○ ［認証の基準］同法第12条の3により、文部科学大臣又は登録認証機関は、設計認証又は特定設計認証の申請があった場合において、当該申請に係る設計並びに使用、保管及び運搬に関する条件が「放

射線に係る安全性の確保のための技術上の基準に適合していると認めるときは、設計認証又は特定設計認証をしなければならない。」とされています。技術上の基準は、放射線障害防止法施行規則第14条の3に示されています。

○［設計合致義務等］同法第12条の4により、設計認証又は特定設計認証を受けた者（以下「認証機器製造者等」という。）は、当該設計認証又は特定設計認証に係る放射性同位元素装備機器を製造し、又は輸入する場合においては、設計認証又は特定設計認証に係る設計に合致するようにしなければならないこと、また認証機器製造者等は、放射性同位元素装備機器について検査を行い、その検査記録を作成し、これを保存しなければならないことが求められ、認証機器製造者等に対して設計認証又は特定設計認証に係る放射性同位元素装備機器を製造し、又は輸入する場合における設計合致義務等が課されています。

○［認証機器の表示等］同法第12条の5により、認証機器製造者等は、設計合致義務に係る検査により設計認証に係る設計に合致していることが確認された放射性同位元素装備機器（以下「認証機器」という。）又はこの検査により特定設計認証に係る設計に合致していることが確認された放射性同位元素装備機器（以下「特定認証機器」という。）に、それぞれ認証機器又は特定認証機器である旨の表示を付することができるとされ、認証機器製造者等に対して認証機器又は特定認証機器の表示ができることが認められています。

○［認証条件等の文書の添付］同法第12条の6により、表示付認証機器又は表示付特定認証機器を販売し、又は賃貸しようとする者は、当該表示付認証機器又は表示付特定認証機器に、認証番号、当該設計認証又は特定設計認証に係る使用、保管及び運搬に関する条件(以下「認証条件」という。)、これを廃棄しようとする場合にあっては第19条第5項に規定する者（許可届出使用者又は許可廃棄業者）にその廃棄を委託しなければならない旨その他文部科学省令で定める事項を記載した文書を添付しなければならないとされ、表示付認証機器又は表示付特定認証機器を販売し、又は賃貸しようとする者は、所定の事項を記載した文書の添付が義務づけられています。

(ii) 使用における義務等
- ［表示付認証機器の使用をする者の届出］同法第3条の3により、表示付認証機器の使用をする者は、政令で定めるところにより、当該表示付認証機器の使用の開始の日から30日以内に、氏名及び住所、認証番号及び台数や使用の目的及び方法を文部科学大臣に届け出なければならないとされ、表示付認証機器の使用をする者に対して、使用開始後30日以内の届出の義務が課せられています。表示付特定認証機器の使用をする者に対しては、使用の届出の義務はありません。
- ［廃棄］同法第19条第5項により、表示付認証機器又は表示付特定認証機器を廃棄しようとする者は、許可届出使用者又は許可廃棄業者に委託しなければならないとされています。
- ［放射線障害を受けた者又は受けたおそれのある者に対する措置］同法第24条により、表示付認証機器使用者は、放射線障害を受けた者又は受けたおそれのある者に対する必要な措置の義務が課せられています。
- ［使用の廃止等の届出］同法第27条により、表示付認証機器届出使用者がその届出に係る放射性同位元素のすべての使用を廃止したときは、その旨を文部科学大臣に届け出なければならないとされ、使用の廃止の届出の義務が課せられています。また、同法第28条により、表示付認証機器届出使用者が使用の廃止の届出をしなければならないときは、その所有する放射性同位元素を許可届出使用者、届出販売業者、届出賃貸業者若しくは許可廃棄業者に譲り渡すなどの措置を講じること、またその講じた措置を文部科学大臣に報告することが求められ、使用の廃止等に伴う措置が義務づけられています。

(iii) 特例
- ［表示付認証機器等の使用等に係る特例］同法第25条の2により、表示付認証機器又は表示付特定認証機器の認証条件に従った使用、保管及び運搬については、同法第15条の使用の基準、同法第16条の保管の基準等、同法第17条の運搬の基準、同法第20条の測定、同法第21条の放射線障害予防規程、同法第22条の教育訓練及び同法第23条の健康診断についての義務は課せられません。

（表示付認証機器に関する規制等のまとめ）

（注：該当条文は放射線障害防止法の条数を指す。）

規制の分類	規制の内容	該当条文	政令、規則等
(1)設計認証等	放射性同位元素装備機器の設計認証	第12条の2第1項、第3項、第4項	放射線障害防止法施行令第11条、放射線障害防止法施行規則第14条の2
	放射性同位元素装備機器の特定設計認証	第12条の2第2項、第3項、第4項	放射線障害防止法施行令第12条、放射線障害防止法施行規則第14条の2
	認証の基準	第12条の3	放射線障害防止法施行規則第14条の3
	設計合致義務等	第12条の4	放射線障害防止法施行規則第14条の4
	認証機器の表示等	第12条の5	放射線障害防止法施行規則第14条の5
	認証条件等の文書の添付	第12条の6	放射線障害防止法施行規則第14条の6
(2)使用における義務等	表示付認証機器の使用をする者の届出	第3条の3	①表示付特定認証機器の使用は対象とならない。②放射線障害防止法施行令第5条、放射線障害防止法施行規則第5条
	廃棄	第19条第5項	
	放射線障害を受けた者又は受けたおそれのある者に対する措置	第24条	①表示付認証機器使用者が対象 ②放射線障害防止法施行規則第23条
	使用の廃止等の届出	第27条	①表示付認証機器届出使用者が対象 ②放射線障害防止法施行規則第25条

規制の分類	規制の内容	該当条文	政令、規則等
	許可の取消し、使用の廃止等に伴う措置	第28条	①表示付認証機器届出使用者が対象 ②放射線障害防止法施行規則第26条
	事故届	第32条	表示付認証機器使用者が対象
(3)特例	表示付認証機器等の使用等に係る特例	第25条の2	放射線障害防止法第15条〜第17条、第20条〜第23条は、表示付認証機器又は表示付特定認証機器の使用等には適用しない。

(放射線障害防止法＝放射性同位元素等による放射線障害の防止に関する法律、放射線障害防止法施行令＝放射性同位元素等による放射線障害の防止に関する法律施行令、放射線障害防止法施行規則＝放射性同位元素等による放射線障害の防止に関する法律施行規則)

VI
核不拡散等の国際約束の担保

1　概要

　原子力技術には、安全性の確保、核不拡散のための保障措置の履行、核物質防護などの核セキュリティ、原子力災害への対応や放射性廃棄物への対応などが求められます。特に、安全性（Safety）、保障措置（Safeguards）と核セキュリティ（Security）は、原子力技術を活用していくために必要な「３Ｓ」の要素と呼ばれ、これらを一体化して取り組んでいくことが求められています。

　この要求に対する対応の多くは、一事業者や一国だけでの枠組みを超えており、原子力安全、核不拡散、核セキュリティ、輸出管理、損害賠償などにおいて国際的な対応の枠組みが構築されています。単独の技術について、これだけ数多くの国際的枠組みが構築されているものは、他に例をみません。また当然のことながら、これらの国際的枠組みを約束するについては国内的な制度の枠組みの構築が必要になります。

　米国が世界で初めて核兵器を開発した1945年（昭和20年）以降、核不拡散は世界の重要な課題になっています。国際的な核不拡散の枠組みは、(イ)世界全域の核不拡散の枠組みとしての「核兵器の不拡散に関する条約」（NPT（Treaty on Non-Proliferation of Nuclear Weapons）、以下「核不拡散条約」又は「NPT」といいます。）、(ロ)地域的な核不拡散の枠組みとしての非核地帯条約、(ハ)二国間の核不拡散の枠組みとしての核燃料や原子力技術の提供国と受領国との間の二国間原子力協定の３層からなっています。(イ)のNPTについては、現在の世界的な核不拡散の基盤は、NPTに加盟する非核兵器国における保障措置の適用により確保されています。NPT加盟国は190ヶ国にも達しており、NPT体制は普遍性を有するものになっているといえます。しかし、NPTに加盟していない国の核兵器保有、北朝鮮の脱退、イランの原子力開発を巡る疑惑などの問題も抱えており、５年ごとに開催されるNPT運用再検討会議などを通して、体制をより強固なものにすることが求められています。我が国は、NPT加盟の非核兵器国として保障措置を適確に受け入れてきているとともに、保障措置の発展にも寄与しています。(ロ)の非核地帯条約については、1960年代後半からいくつかの地域で順次、構築されてきまし

たが、現在、中東地域の非核地帯条約構想の進展が重要なものになりつつあります。(ハ)の二国間原子力協定については、提供国が受領国に対して核不拡散等の措置を求めることによって現在まで実質的に世界の核不拡散に一定の役割を担ってきました。我が国はアメリカ、カナダ、イギリス、オーストラリア、フランス及び中国の6ヶ国並びにユーラトムとそれぞれ原子力の平和利用に関する二国間原子力協定を締結しています。

このような世界的な核不拡散の状況の中で、NPTとそれに基づく保障措置体制が核不拡散の基盤であり続けることは間違いありません。我が国は、IAEAとの間で保障措置協定を締結しているだけでなく、保障措置の強化のための追加議定書についてもIAEAとの間で締結しました。これらの保障措置の履行のために必要な規制は、国内保障措置制度の構築と合わせて、原子炉等規制法において担保されています。

核セキュリティの重要性は、2001年（平成13年）9月11日の米国における同時多発テロ事件以降、急速に高まってきました。核燃料物質が核兵器に転用されるということだけでなく、核燃料物質や放射性同位元素などがいわゆる「汚い爆弾（dirty bomb）」に組み込まれて広く拡散されるという懸念も出てきています。2010年（平成22年）4月には核セキュリティサミットが開催され、世界の多くの国が核セキュリティに取り組むことが確認されるとともに、この核セキュリティサミットを契機にして、世界各国において、例えば研究炉の燃料として用いていた高濃縮ウランを低濃縮ウランに転換するような取組みも積極的になされることになりました。

核セキュリティの対応の中心である核物質防護については、世界的な基準や条約が発展してきています。IAEAの核物質防護のガイドラインとして「核物質防護と原子力施設の防護」(「INFCIRC／225／Rev. 4」)が策定されました。国際条約では「核物質の防護に関する条約」が核物質の国際輸送時の防護のための国際的取決めの役割を果たしています。また新たに改正核物質防護条約として「核物質及び原子力施設の防護に関する条約」が策定されました（まだ未発効です。）。

このような国際的な基準や国際条約の改正の動きを受けて、我が国の核物質防護の規制も、原子力施設に対する脅威を設定した上で防護措置を講じるという設計基礎脅威（DBT：Design Basis Threat）の取組みな

どが導入されることになりました。

また、世界的な核テロに対する懸念を受けて、2007年（平成19年）に「核によるテロリズムの行為の防止に関する国際条約」（以下「核テロ条約」といいます。）が発効しました。我が国も核テロ条約に加盟し、この条約の適確な実施を図るために「放射線を発散させて人の生命等に危険を生じさせる行為等の処罰に関する法律」（以下「放射線発散処罰法」といいます。）を制定して、必要な罰則を設けました。また、原子炉等規制法及び放射線障害防止法で定められていた罰則のうち、新設した罰則と重複するものや関連するものは本法律に集約されました。放射線発散処罰法では、①放射線を発散させて、人の生命、身体又は財産に危険を生じさせること、②核燃料物質の原子核分裂の連鎖反応（核爆発）により、人の生命、身体又は財産に危険を生じさせること、③前記の①、②の行為の予備行為、④核爆発装置などの放射線を発散させる装置の製造・所持、放射性物質の所持、⑤放射性物質を用いた脅迫・強要などを犯罪として処罰することが規定されています。

2　保障措置等の核不拡散関係の規制

(1)　核不拡散条約に基づく保障措置

核不拡散等のための国際約束を履行するために必要な規制が原子炉等規制法に組み込まれています。国際約束の中心となるものが核不拡散条約に基づくIAEAとの間の保障措置の約束の履行です。我が国は、1976年（昭和51年）に核不拡散条約に加入し、翌1977年（昭和52年）にIAEAとの間で保障措置協定を締結しました。このIAEAとの間の保障措置協定に基づき、我が国において国とIAEAによる保障措置を実施する枠組みが原子炉等規制法に取り入れられています。

保障措置とは、原子力の研究開発利用を平和目的に限って行うために、ウランやプルトニウムのような核物質が核兵器などに使用されていないことを確認するとともに、万一、これらの核物質を核兵器などに利用し

ようとしても、早期に発見できるようにするための措置のことをいいます。

この保障措置を原子炉等規制法に取り入れるために、国際規制物資という概念が作られています。国際規制物資は、原子炉等規制法第2条第9項により定義されており、核不拡散条約に基づく日本とIAEAが締結している保障措置協定と、日本が外国政府との間で締結している二国間原子力協定に基づく保障措置の適用などの規制を受ける核燃料物質などをいいます。実体的には、核不拡散条約に基づく保障措置協定が我が国にある全ての核燃料物質を対象としていますので、国際規制物資としての核燃料物質は、我が国とIAEAとの間の保障措置協定の対象となる我が国に存在する全ての核燃料物質を指すことになります。保障措置の規制は、原子炉等規制法に基づき文部科学大臣が所管します。

核不拡散条約に加盟した非核兵器国がIAEAと締結する保障措置協定は包括的保障措置協定と呼ばれ、当該国に存在する全ての核燃料物質が保障措置の対象になります。この包括的保障措置協定においては、当該国がIAEAに申告した核燃料物質を用いる原子力の活動を保障措置の対象としています。しかし、1991年（平成3年）の湾岸戦争後、イラクにおける未申告の原子力活動が発覚したことなどがあり、IAEAは保障措置の強化の方策を検討しました。この結果、1997年（平成9年）に保障措置協定に追加する議定書（追加議定書）を理事会で決定しました。この追加議定書はIAEAが未申告の核燃料物質や原子力活動を探知できるようにするものであり、IAEAへの情報提供の拡大、IAEAのアクセス権限の拡大などが規定されています。我が国は1999年（平成11年）に追加議定書を発効させ、核燃料物質を取り扱わない原子力活動等についての情報もIAEAに提出し、その確認のためのIAEA職員の立入りも受け入れることになりました。その後IAEAにおいては、さらに統合保障措置として対象国の保障措置の実績等を評価し、それに基づく効果的・効率的な保障措置の実施方法を取り入れつつあり、我が国もそれに積極的に協力しています。この統合保障措置というのは、包括的保障措置協定と追加議定書による保障措置手段の最良の組合せを図り、これによって保障措置の効果と効率を向上させていこうというものです。我が国については、保障措置の適用についての評価の結果、統合保障措置が適用されるとして、2004年（平成16年）から段階的に統合保障措置が

217

適用されることになりました。

(2) 保障措置に係る規定

(i) 保障措置の概要

　原子炉等規制法の第1条で、「原子力の研究、開発及び利用に関する条約その他の国際約束を実施するために、国際規制物資の使用等に関する必要な規制を行うことを目的とする。」として、国際約束の履行のために国際規制物資の規制を行うことが同法の目的の一つになっています。国際規制物資の使用等の規制については、原子炉等規制法の下で原子炉等規制法施行令と「国際規制物資の使用等に関する規則」(以下「国規物規則」といいます。)により、詳細な内容が規定されています。

　ここで再度「国際規制物資」の定義をみてみますと(同法第2条第9項)、「核兵器の不拡散に関する条約第三条1及び4の規定の実施に関する日本国政府と国際原子力機関との間の協定」(以下「保障措置協定」という。)その他日本国政府と一の外国政府との間の原子力の研究、開発及び利用に関する国際約束(追加議定書を除く。)に基づく保障措置の適用その他の規制を受ける核原料物質、核燃料物質、原子炉その他の資材又は設備をいうと定義されています。国際規制物資は、IAEAとの保障措置協定や二国間原子力協力協定の対象となる核燃料物質等とされていますが、国際規制物資の定義から追加議定書に係る国際約束が除かれていることについて説明します。IAEAとの保障措置協定の対象となるのは我が国にある全ての核物質ですが、追加議定書の対象は核物質を使用しない活動にも拡大されています。このため保障措置協定に基づく核物質を適確に管理することを目的として「国際規制物資」という概念が設けられるとともに、これとは別に追加議定書により義務づけられた活動を把握するために、次の「国際特定活動」という概念が設けられることになりました。

　同法第2条第11項で、「国際特定活動」とは「「追加議定書附属書Ⅰ」に掲げる活動をいう。」とされています。国際特定活動に係る規定である同法第61条の9の4をみますと、「国際特定活動を行う者は、政令で定めるところにより、国際特定活動を開始した日から三十日以内に、文部科学大臣に届け出なければならない。ただし、国際規制物資を使用す

ることにより行う場合は、この限りでない。」とされ、国際特定活動の届出が義務づけられています。国際特定活動の届出では、国際規制物資を使用する活動が除かれており、核物質に係る保障措置は「国際規制物資」を対象として行い、核物質を使用しない場合で追加議定書の約束に必要なことは「国際特定活動」の届出により行うと整理されています。

　我が国における保障措置活動は、国の保障措置とIAEAの保障措置の両者が合わせて適用されるようになっており、IAEAの職員が保障措置の実施のために我が国の原子力施設に立入り等をする場合は、国の職員や指定機関の職員（保障措置検査員）の立会いの下で行われることになっています。保障措置活動は、施設の運転管理において事業者が核燃料物質の計量管理を適確に行うための計量管理規定を定めることと、国とIAEAが検査を行い、核燃料物質の利用等において、所在不明の核燃料物質が生じていないことを確認することにより行われます。

(ii)　保障措置に係る規定の内容

　原子炉等規制法における保障措置関係の規定は、各事業毎のところではなく、核燃料物質を用いる全ての原子力活動に共通するものとして、原子炉等規制法の「第六章の二」にまとめて規定されています。以下、保障措置の規定を「許可、届出等」、「記録、検査、報告徴収等」と「指定機関」の3つに分けてみていきます。

　　(イ)　許可、届出等

　　○［国際規制物資の使用の許可及び届出等］同法第61条の3第1項により、国際規制物資を使用しようとする者は、政令で定めるところにより、文部科学大臣の許可を受けなければならないとされています。ただし、製錬事業者が国際規制物資を製錬の事業の用に供する場合、加工事業者が国際規制物資を加工の事業の用に供する場合、原子炉設置者が国際規制物資を原子炉の設置又は運転の用に供する場合、再処理事業者が国際規制物資を再処理の事業の用に供する場合、使用者が国際規制物資を第52条第1項の許可を受けた使用の目的に使用する場合はこの許可を受ける必要はないとされています。このように、国際規制物資を使用しようとする者は、文部科学大臣の許可を受けなければなりませんが、原子力活動において、製錬、加工、原子炉、再処理や使用（同法第52条第1項の核燃料物質の使

用の許可を受けた使用）に係る許可又は指定を受けて、国際規制物資（すなわち核燃料物質や核原料物質）を使用しようとする場合は、国際規制物資の使用の許可を受けることは必要でないとされています。また、使用済燃料貯蔵事業者や廃棄事業者は、貯蔵や廃棄という形で国際規制物資を取り扱いますが、国際規制物資を使用しようとする者ではありませんので、国際規制物資の使用の許可を受ける必要はありません。なお、同法第61条の3第4項から第6項において、使用済燃料貯蔵事業者や廃棄事業者を含めて国際規制物資を取り扱う全ての者は、その取り扱う国際規制物資の種類や数量、使用などの取扱い期間を文部科学大臣に届け出ることが義務づけられています。

○［計量管理規定の認可］同法第61条の8により、国際規制物資使用者等は、国際規制物資の適正な計量及び管理を確保するため、文部科学省令で定めるところにより、計量管理規定を定め、国際規制物資の使用開始前に、文部科学大臣の認可を受けなければならないとされており、核燃料物質の量的な管理を適確に行うための計量管理規定の策定と、それについて文部科学大臣の認可を受けることが求められています。「国際規制物資使用者等」は、同条の中で、国際規制物資使用者（同法第61条の3第1項の国際規制物資の使用の許可を受けた者）、加工事業者、原子炉設置者、再処理事業者、核燃料物質の使用の許可を受けた者、使用済燃料貯蔵事業者及び廃棄事業者とされており、製錬事業者を除いた核燃料物質を取り扱う全ての事業者は計量管理規定を定めることが求められています。

○［国際特定活動の届出（追加議定書関係）］同法第61条の9の4により、「国際特定活動を行う者は、政令で定めるところにより、国際特定活動を開始した日から三十日以内に、文部科学大臣に届け出なければならない。ただし、国際規制物資を使用することにより行う場合は、この限りでない。」とされ、国際規制物資を使用しない場合の国際特定活動について、文部科学大臣への届出が義務づけられています。

㈹　記録、検査、報告徴収等

○［記録の作成保管］同法第61条の7により、国際規制物資を使用し

ている者（国際規制物資を貯蔵している使用済燃料貯蔵事業者及び国際規制物資を廃棄している廃棄事業者を含む。）は、文部科学省令で定めるところにより、国際規制物資の使用（使用済燃料貯蔵事業者による国際規制物資の貯蔵及び廃棄事業者による国際規制物資の廃棄を含む。）に関し、文部科学省令で定める事項を記録し、これをその工場又は事業所に備えて置かなければならないとされ、国際規制物資を取り扱う者は、その取扱いに関する記録をとり、保管しておくことが義務づけられています。

○ ［保障措置検査］同法第61条の8の2により、国際規制物資使用者等は、保障措置協定に基づく保障措置の実施に必要な範囲内において、国際規制物資の計量及び管理の状況について、文部科学大臣が定期に行う検査を受けなければならないとされ、国規物規則（第4条の2の3～第4条の2の7）において、加工事業者等については、核燃料物質計量管理区域ごとに実在庫検査、中間在庫検査や受払い検査を受けるべきことや、その時期などが規定されています。

○ ［立入検査等］同法第68条第1項により、文部科学大臣は、この法律の施行に必要な限度において、その職員に、原子力事業者等（核原料物質使用者、国際規制物資使用者及び国際特定活動実施者を含む。）の事務所又は工場若しくは事業所に立ち入り、帳簿、書類その他必要な物件を検査させ、関係者に質問させ、又は試験のため必要な最小限度の量に限り、核原料物質、核燃料物質その他の必要な試料を収去させることができるとされ、文部科学省の職員は保障措置協定と追加議定書に基づく保障措置の実施のために、必要な立入検査ができることになっています。

○ ［封印又は装置の取付け］同法第68条第15項により、文部科学大臣は、保障措置協定に基づく保障措置の実施に必要な限度において、文部科学省令で定めるところにより、その職員に、国際規制物資を使用している者の工場又は事業所内において、国際規制物資の移動を監視するために必要な封印をさせ、又は装置を取り付けさせることができるとされ、文部科学省の職員は保障措置協定に基づく保障措置の実施のために、原子力施設内での封印や装置（監視カメラなど）の取付けができることになっています。

○ ［追加議定書に基づく保障措置実施のための立入検査］同法第68条第4項により、文部科学大臣は、追加議定書の定めるところにより国際原子力機関に対して説明を行い、又は国際原子力機関の職員の立入検査の実施を確保するために必要な限度において、その職員に、国際規制物資使用者等の事務所又は工場若しくは事業所その他の場所に立ち入り、帳簿、書類その他必要な物件を検査させ、関係者に質問させ、又は試験のため必要な最小限度の量に限り、核原料物質、核燃料物質その他の必要な試料を収去させることができるとされ、文部科学省の職員は追加議定書に基づく保障措置の実施のために、「その他の場所」にも立入検査ができることになっています。

○ ［追加議定書に基づく保障措置実施のための封印又は装置の取付け］同法第68条第16項により、文部科学大臣は、追加議定書に基づく保障措置の実施に必要な限度において、その職員に、国際規制物資を使用している者の工場又は事業所その他の場所内において、国際規制物資その他の物の移動を監視するために必要な封印をさせ、又は装置を取り付けさせることができるとされ、文部科学省の職員は「その他の場所」と「その他の物」も含めて封印や装置の取付けができることになっています。

○ ［国際原子力機関の指定する者の保障措置活動］同法第68条第12項及び第17項により、国際原子力機関の指定する者又は国際規制物資の供給当事国政府の指定する者は、文部科学大臣の指定するその職員又は保障措置検査を行う保障措置検査員の立会いの下に、国際約束で定める範囲内において、事務所又は工場若しくは事業所に立ち入り、帳簿、書類その他必要な物件を検査し、関係者に質問し、又は試験のため必要な最小限度の量に限り、核原料物質、核燃料物質その他の必要な試料を収去することができる（第12項）とされ、また国際原子力機関の指定する者は、文部科学大臣の指定するその職員又は保障措置検査を行う保障措置検査員の立会いの下に、保障措置協定で定める範囲内で、国際規制物資を使用している者の工場又は事業所内において、国際規制物資の移動を監視するために必要な封印をし、又は装置を取り付けることができる（第17項）とされ、IAEAの職員は、保障措置の実施のために国の職員の立会いの下で

施設への立入り、検査、試料の確保や封印・装置の取付けができることになっています。

追加議定書に基づく保障措置の実施のために、同法第68条第4項、第13項、第16項及び第18項により、施設への立入り、検査、試料の確保や封印・装置の取付けにおいて、IAEA の職員が「その他の場所」にも立ち入ることができることなどが規定されています。

○［封印又は装置の取外し、き損の禁止］同法第68条第19項により、何人も、封印又は取り付けられた装置を、正当な理由がないのに、取り外し、又はき損してはならないとされ、何人に対しても封印や装置を勝手に取り外したり、き損したりすることが禁止されています。

○［報告の徴収］同法第67条第1項により、文部科学大臣は、原子力事業者等（核原料物質使用者、国際規制物資を使用している者及び国際特定活動実施者を含む。）に対し、その業務に関し報告をさせることができるとされ、保障措置の実施のための報告徴収ができることになっています。さらに同法第67条第5項により、文部科学大臣は、追加議定書の定めるところにより国際原子力機関に対して報告又は説明を行うために必要な限度において、国際規制物資を使用している者その他の者に対し、国際原子力機関からの要請に係る事項その他の政令で定める事項に関し報告をさせることができるとされ、追加議定書に基づく保障措置の実施のための報告の徴収ができるとされています。

(ハ) 指定機関

○［指定情報処理機関、指定保障措置検査等実施機関］同法第61条の10により、文部科学大臣は、国際約束に基づく保障措置の適切な実施に資すると認めるときは、国際規制物資の使用の状況に関する情報の解析その他の処理業務をその指定する者（以下「指定情報処理機関」という。）に行わせることができるとされています。また同法第61条の23の2により、その指定する者（以下「指定保障措置検査等実施機関」という。）に定型化した通常査察関連業務や提出された試料の分析等を行わせることができるとされています。

（保障措置に関する規定等のまとめ）

（注：[原]は原子炉等規制法を指す。）

規定の分類	規定の内容	該当条文	政令、規則等
(1)定義	国際規制物資	[原]第2条第9項	
	国際特定活動（追加議定書関係）	[原]第2条第11項	追加議定書附属書Ⅰに掲げる活動
(2)許可、届出等	国際規制物資の使用の許可	[原]第61条の3第1項	原子炉等規制法施行令第55条、国規物規則第1条の2
	国際規制物資の使用、貯蔵又は廃棄の届出	[原]第61条の3第4項から第6項まで	①製錬事業者、加工事業者、原子炉設置者、再処理事業者、使用の許可を受けた者、使用済燃料貯蔵事業者、廃棄事業者 ②国規物規則第1条の3～第1条の5
	変更の届出	[原]第61条の5	国規物規則第2条、第3条
	許可の取消し等	[原]第61条の6	
	計量管理規定の認可	[原]第61条の8	国規物規則第4条の2の2
	国際特定活動の届出	[原]第61条の9の4	原子炉等規制法施行令第56条、国規物規則第4条の2の8、第6条
(3)記録、検査、報告徴収等	記録の作成保管	[原]第61条の7	国規物規則第4条、第4条の2
	保障措置検査	[原]第61条の8の2	国規物規則第4条の2の3～第4条の2の7
	立入検査等	[原]第68条第1項	
	封印又は装置の取付け	[原]第68条第15項	

規定の分類	規定の内容	該当条文	政令、規則等
	追加議定書に基づく保障措置実施のための立入検査	[原]第68条第4項	
	追加議定書に基づく保障措置実施のための封印又は装置の取付け	[原]第68条第16項	
	国際原子力機関の指定する者の保障措置活動	①[原]第68条第12項、第17項 ②[原]第68条第4項、第13項、第16項、第18項（追加議定書関係）	
	封印又は装置の取外し、き損の禁止	[原]第68条第19項	
	報告の徴収	①[原]第67条第1項 ②[原]第67条第5項（追加議定書関係）	
(4)指定機関	指定情報処理機関	[原]第61条の10	国規物規則第4条の3～第4条の7
	指定保障措置検査等実施機関	[原]第61条の23の2	国規物規則第4条の8～第4条の30

（原子炉等規制法施行令＝核原料物質、核燃料物質及び原子炉の規制に関する法律施行令、国規物規則＝国際規制物資の使用等に関する規則）

3 核物質防護等の核セキュリティ関係の規制

(1) 概要

　IAEAは核セキュリティを盗取、妨害破壊行為、不法アクセス、不法移転その他の悪意を持った行為であって、核物質その他の放射性物質又

225

はそれらの関連施設を巻き込むものに対する①予防（prevention）、②検知（detection）及び③対応（response）と定義しています。核セキュリティ上の脅威は、①核兵器そのものを盗取すること、②核物質を盗取して核兵器に転用すること、③核物質、放射性同位元素等を入手して、それを爆発により広く拡散させることを目的としたいわゆる「汚い爆弾（dirty bomb）」を作ること、④原子力施設や核物質の輸送に妨害破壊行為（サボタージュ）を加えることなどがあります。核物質防護は、このうちの②から④までの脅威に対する対応をいいます。このため、核物質防護は、(イ)核物質の盗取等の不法な移転を防止すること、(ロ)妨害破壊行為を防止すること、(ハ)不法な移転又は妨害破壊行為の発生に対するおそれがある場合や発生した場合には、迅速な対応措置を講じることの3つの対応が基本になっています。

核物質防護の国際的な制度としては、1975年（昭和50年）にIAEAの核物質防護のガイドライン「INFCIRC／225」が策定されました。これは国際的勧告として、核物質防護制度の基本的考え方、目的、国の制度、核物質防護の要件等を示しています。その後、改訂が重ねられ、1999年（平成11年）に「核物質防護と原子力施設の防護」の表題で「INFCIRC／225／ Rev. 4」が策定されました。この新しいガイドラインでは、原子力施設に対する脅威を適確に設定した上で、それに対する防護システムを設計・評価するという設計基礎脅威（DBT）の設定などの原子力施設に対する防護の対応が取り入れられました。

IAEAのガイドラインの策定と強化の動きに並行して、1987年（昭和62年）に核物質の国際輸送時の防護と核物質が関係する国際間の犯罪の取扱いに関する国際協力の枠組みを作ることを目的にした「核物質の防護に関する条約」（以下「核物質防護条約」といいます。）が発効しました。我が国はこの条約に1988年（昭和63年）に加入しました。核物質防護条約は、国際輸送中の核物質が自国の領域内や自国の管轄下の船舶や航空機にある場合に適切な防護措置を講ずること、適切な防護措置が講じられていない場合は輸出入の許可、空港、海港への入港や、陸地・内水の通過の許可をしないことなどの国際輸送中の核物質の防護義務を規定しています。これに加えて同条約は、核物質を不正に利用し、生命などに危険を引き起こした場合は核物質による殺人や傷害を処罰すること

とし、外国で行う場合も含めて国内法で処罰すること、この犯罪は犯罪人引渡条約上の引き渡されるべき犯罪とすることなどの犯罪人処罰義務を規定しています。2005年（平成17年）には核物質防護条約が改正され、名称も「核物質及び原子力施設の防護に関する条約」とされ（以下「改正核物質防護条約」といいます。）、国際輸送中の核物質防護だけでなく、国内における平和目的のための核物質の使用、貯蔵及び輸送に対する防護と原子力施設における防護が加えられ、事業者の役割分担や設計基礎脅威（DBT）などの基本原則を規定することや、放射性物質を放出することにより人に重大な傷害を与える又は死亡させる、あるいは環境や財産に損害を与えるおそれがある活動を犯罪行為に追加することなどの改正がなされました。改正核物質防護条約は、核物質防護条約に加盟している国の3分の2以上の加盟により発効することになっていますが、まだ発効していません。また、我が国が締結している二国間原子力協力協定の中でも適切な防護措置をとることが規定されています。これらの核物質防護に係る国際基準や国際約束は、基本的に原子炉等規制法で担保されています。

なお、放射性同位元素に対するセキュリティについても放射線障害防止法による規制の枠組みの中に放射線源登録制度が設けられました（「Ⅴ．2．放射性同位元素の使用等の安全規制」を参照して下さい。）。

(2) 核物質防護の規制

原子炉等規制法の第1条において、「核燃料物質を防護して、公共の安全を図る」ことが同法の目的の一つとして明確に位置づけられています。

原子炉等規制法においては、保障措置については全ての原子力活動に共通した形で規定が示されていますが、核物質防護についてはこれと異なり、各原子力活動の規制毎にその規定が示されています。ここでは実用発電用原子炉を例にとって核物質防護の規制の内容をみていきます。他の原子力活動の場合もほぼ同様の内容となっています。以下、(ⅰ)核物質防護の対象、(ⅱ)規制の内容、(ⅲ)輸送の核物質防護に分けてみていきます。

(ⅰ) 核物質防護の対象

核物質防護の対象となるものは、原子炉等規制法と原子炉等規制法

施行令において、「特定核燃料物質」と「防護対象特定核燃料物質」の２つが定義されています。前者の「特定核燃料物質」は、核物質防護規定、核物質防護検査、核物質防護管理者の責務、輸送における核物質防護などの原子炉等規制法が核物質防護の規制の対象とする全ての核燃料物質をいいます。後者の「防護対象特定核燃料物質」は、「特定核燃料物質」の中でも一定量以上の核燃料物質で、それに対しては特別に防護措置を必要とするものをいいます。さらに「防護対象特定核燃料物質」は３つに区分され、それぞれに求める防護措置が規定されています。例えばプルトニウムについては量の多少によらず核物質防護の対象ですが、「防護対象特定核燃料物質」として防護措置が求められる対象となるのはプルトニウムの量が15グラムを超えるものです。「防護対象特定核燃料物質」として防護措置の対象となるプルトニウムは、厳しい措置を求められる順に従って、その量が２キログラム以上のものが区分Ⅰ、500グラムを超え２キログラム未満のものが区分Ⅱ、15グラムを超え500グラム以下のものが区分Ⅲとなっています。

○［核物質防護の対象となる特定核燃料物質］核物質防護の対象となる「特定核燃料物質」は、同法第２条第５項及び原子炉等規制法施行令第１条により、次のようなものとされています。

① プルトニウム（プルトニウム238の同位体濃度が100分の80を超えるものを除く。）及びその化合物
② ウラン233及びその化合物
③ ウラン235のウラン238に対する比率が天然の混合率を超えるウラン及びその化合物［注（要約、以下同じ）：濃縮ウラン］
④ 上記①～③の物質の一又は二以上を含む物質
⑤ ウラン235のウラン238に対する比率が天然の混合率であるウラン及びその化合物［注：天然ウラン］
⑥ 上記⑤の物質の一又は二以上を含む物質で原子炉において燃料として使用できるもの

○［防護措置の対象となる防護対象特定核燃料物質］特定核燃料物質の中で、防護措置を必要とする「防護対象特定核燃料物質」は、原子炉等規制法施行令第２条により、次のようなものとされています。

① 次に掲げる物質であって照射されていないもの

イ　プルトニウム（プルトニウム238の同位体濃度が100分の80を超えるものを除く。）及びその化合物並びにこれらの物質の一又は二以上を含む物質であって、プルトニウムの量が15グラムを超えるもの［注：プルトニウムの量が15グラムを超えるもの］
　　　ロ　ウラン235のウラン235及びウラン238に対する比率が100分の20以上のウラン並びにその化合物並びにこれらの物質の一又は二以上を含む物質であって、ウラン235の量が15グラムを超えるもの［注：濃縮度が20％以上の濃縮ウランでウラン235の量が15グラムを超えるもの］
　　　ハ　ウラン235のウラン235及びウラン238に対する比率が100分の10以上で100分の20に達しないウラン並びにその化合物並びにこれらの物質の一又は二以上を含む物質であって、ウラン235の量が1キログラムを超えるもの［注：濃縮度が10％以上20％未満の濃縮ウランでウラン235の量が1キログラムを超えるもの］
　　　ニ　ウラン235のウラン235及びウラン238に対する比率が天然の比率を超え100分の10に達しないウラン並びにその化合物並びにこれらの物質の一又は二以上を含む物質であって、ウラン235の量が10キログラム以上のもの［注：濃縮度が10％未満の濃縮ウランでウラン235の量が10キログラム以上のもの］
　　　ホ　ウラン233及びその化合物並びにこれらの物質の一又は二以上を含む物質であって、ウラン233の量が15グラムを超えるもの［注：ウラン233の量が15グラムを超えるもの］
　②　上記①に掲げる物質であって照射されたもの
　③　次に掲げる物質であって照射されたもので、照射直後にその表面から1メートル以内の距離において、当該物質から放出された放射線が空気に吸収された場合の吸収線量率が1グレイ毎時を超えていたもの
　　　イ　ウラン235のウラン235及びウラン238に対する比率が天然の比率であるウラン並びにその化合物並びにこれらの物質の一又は二以上を含む物質で原子炉において燃料として使用で

きるもの［注：天然ウラン］
　ロ　ウラン235のウラン235及びウラン238に対する比率が天然の比率に達しないウラン並びにその化合物並びにこれらの物質の一又は二以上を含む物質で原子炉において燃料として使用できるもの［注：劣化ウラン］
　ハ　トリウム及びその化合物並びにこれらの物質の一又は二以上を含む物質で原子炉において燃料として使用できるもの［注：トリウム］
　ニ　ウラン235のウラン235及びウラン238に対する比率が天然の比率を超え100分の10に達しないウラン並びにその化合物並びにこれらの物質の一又は二以上を含む物質［注：濃縮度が10％未満の濃縮ウラン］

○［防護対象特定核燃料物質の3区分］さらに防護対象特定核燃料物質は、求められる防護措置の度合によって、未照射の核物質と照射済核物質の別に、区分Ⅰ、区分Ⅱ及び区分Ⅲの3区分に分けられています（区分Ⅰが最も厳しい防護措置を求められます。）。下の表からもわかるように、照射済の核物質で一定の放射線量を超えるものについては、その分人が近づきにくくなるため、区分を1ランク下げることが可能とされています。

（未照射の核物質）

核物質の種類	区分Ⅰ	区分Ⅱ	区分Ⅲ
プルトニウム	2kg以上	500gを超え2kg未満	15gを超え500g以下
濃縮ウラン（濃縮度が20％以上）	5kg以上	1kgを超え5kg未満	15gを超え1kg以下
濃縮ウラン（濃縮度が10％以上20％未満）	―	10kg以上	1kgを超え10kg未満
濃縮ウラン（濃縮度が10％未満）	―	―	10kg以上
ウラン233	2kg以上	500gを超え2kg未満	15gを超え500g以下

［注：濃縮ウランについてはウラン235の量］

（照射済核物質）

核物質の種類	区分の適用
核物質を照射して、1m離れた地点での吸収線量率が1グレイ毎時以下であったもの	未照射核物質の区分に従う。
核物質を照射して、1m離れた地点での吸収線量率が1グレイ毎時を超えていたもの（濃縮度が10％未満の濃縮ウランを除く。）	未照射核物質の区分から1ランク下げることが可能。照射前に区分Ⅲのものは同ランクとする。 なお、ガラス固化体に含まれるもの（1m離れた地点での吸収線量率が1グレイ毎時を超えるもの）は区分Ⅲ。
天然ウラン、劣化ウラン、トリウム、濃縮度が10％未満の濃縮ウランを照射して、1m離れた地点での吸収線量率が照射直後において1グレイ毎時を超えていたもの	区分Ⅱ

(ii) 規制の内容

○ ［特定核燃料物質の防護のために講ずべき措置］同法第35条第2項により、原子炉設置者は、原子炉施設を設置した工場又は事業所において特定核燃料物質を取り扱う場合で政令で定める場合には、主務省令で定めるところにより、防護措置を講じなければならないとされ、原子炉等規制法施行令とそれぞれの事業の規則に基づき、とるべき防護措置が規定されています。ここでいう「特定核燃料物質を取り扱う場合で政令で定める場合」は、原子炉等規制法施行令第18条で、原子炉施設において防護対象特定核燃料物質を取り扱う場合と定められています。「実用発電用原子炉の設置、運転等に関する規則」（以下「実用発電炉規則」といいます。）第15条の2に規定される防護対象特定核燃料物質の区分に応じて求められる具体的な防護措置の内容は、次の通りです。

① 防護区域の設定（区分Ⅰ、区分Ⅱ、区分Ⅲ）
② 防護区域を堅固な構造の障壁で区画（区分Ⅰ、区分Ⅱ）
③ 周辺防護区域を設定して障壁で区画し、照明装置など人の侵入が確認できる装置を設置すること（区分Ⅰ）

④ 見張人の巡視（区分Ⅰ、区分Ⅱ、区分Ⅲ）
⑤ 防護区域又は周辺防護区域への立入り
・ 常時立入者への証明書発行・所持義務（区分Ⅰ、区分Ⅱ、区分Ⅲ）
・ 立入者への証明書発行・所持義務（区分Ⅰ、区分Ⅱ、区分Ⅲ）
・ 立入者に常時立入者を同行させ監督（区分Ⅰ、区分Ⅱ）
⑥ 防護区域又は周辺防護区域への業務用車両以外の車両立入禁止（区分Ⅰ、区分Ⅱ、区分Ⅲ）
⑦ 防護区域又は周辺防護区域の出入口
・ 妨害破壊行為物品の持込み及び特定核燃料物質の不法持出し点検（区分Ⅰ、区分Ⅱ）
・ 金属探知装置、特定核燃料物質検知装置を利用した点検（区分Ⅰ）
・ 見張人の常時監視又は出入口施錠及び侵入検知装置の設置（区分Ⅰ、区分Ⅱ、区分Ⅲ）
⑧ 特定核燃料物質の管理
・ 防護区域に置くこと（区分Ⅰ、区分Ⅱ、区分Ⅲ）
・ 常時監視又は堅固な構造の施設内に貯蔵した上で、出入口施錠・侵入検知装置の設置、許可者以外の立入禁止、見張人による巡視を行うこと（区分Ⅰ、区分Ⅱ）
・ 貯蔵施設への許可者以外の立入禁止（区分Ⅲ）
・ 見張人の貯蔵施設周辺巡視（区分Ⅲ）
・ 異常の報告（区分Ⅰ、区分Ⅱ、区分Ⅲ）
・ 一日の作業終了後の点検及び報告（区分Ⅰ、区分Ⅱ、区分Ⅲ）
⑨ 監視装置
・ 確実な検知、速やかな表示機能を有すること（区分Ⅰ、区分Ⅱ、区分Ⅲ）
・ 非常用電源設備を備えること（区分Ⅰ、区分Ⅱ）
・ 表示は見張人が常時監視できる位置に設置すること（区分Ⅰ、区分Ⅱ）

⑩　出入口施錠
- 取替え・構造変更など複製困難にすること（区分Ⅰ、区分Ⅱ）
- 不審点がある場合の速やかな取替え・構造変更（区分Ⅰ、区分Ⅱ）
- 当該者以外の取扱い禁止（区分Ⅰ、区分Ⅱ）

⑪　防護設備及び防護装置の点検及び保守（区分Ⅰ、区分Ⅱ、区分Ⅲ）

⑫　防護のための連絡
- 常時監視を行うための詰所を設置すること（区分Ⅰ、区分Ⅱ）
- 見張人と詰所との間における迅速かつ確実な連絡（区分Ⅰ、区分Ⅱ）
- 防護区域又は周辺防護区域内に連絡設備を設置し、見張人の詰所への迅速かつ確実な連絡をとることができること（区分Ⅰ、区分Ⅱ）
- 詰所から関係機関への2以上の手段による迅速かつ確実な連絡（区分Ⅰ、区分Ⅱ）
- 詰所から関係機関への確実な連絡（区分Ⅲ）

⑬　防護のための詳細事項の漏えいを防止するために、秘密の範囲及び業務上知り得る者を指定するなどの情報の管理方法を定めること（区分Ⅰ、区分Ⅱ、区分Ⅲ）

⑭　防護のための必要な教育・訓練の実施（区分Ⅰ、区分Ⅱ、区分Ⅲ）

⑮　妨害破壊行為などに備え、緊急時対応計画を作成すること（区分Ⅰ、区分Ⅱ、区分Ⅲ）

⑯　防護措置を定期的に評価し、その結果に基づき必要な改善を行うこと（区分Ⅰ、区分Ⅱ、区分Ⅲ）

⑰　防護措置は、妨害破壊行為などの脅威に対応するものとすること（区分Ⅰ、区分Ⅱ、区分Ⅲ）

○　[核物質防護規定の認可]　同法第43条の2第1項により、原子炉設置者は、核物質防護規定を定め、特定核燃料物質の取扱いを開始す

る前に、主務大臣の認可を受けなければならないとされ、核物質防護規定の策定と認可を受けることが義務づけられています。実用発電炉規則第19条の2には、核物質防護の体制、防護区域、出入管理、特定核燃料物質の管理、連絡体制、情報管理、教育訓練、緊急時対応計画などの核物質防護規定に入れるべき措置が規定されています。特に、IAEAの「INFCIRC／225／Rev. 4」の設計基礎脅威（DBT）の求めに対応して、国が定める妨害破壊行為等の脅威に対応する防護措置をとり、その措置を核物質防護規定の中に入れるべきことが規定されています。

○ ［核物質防護検査］同法第43条の2第2項により、核物質防護規定の遵守状況について経済産業大臣が定期に行う検査（この検査は通常「核物質防護検査」といわれています。）を受けなければならないとされています。

○ ［核物質防護管理者の選任の届出］同法第43条の3により、原子炉設置者は、特定核燃料物質の防護に関する業務を統一的に管理させるため、特定核燃料物質の取扱い等の知識等について主務省令で定める要件を備える者のうちから、核物質防護管理者を選任しなければならないとされ、核物質防護管理者を選任することと、その選任について経済産業大臣に届け出ることが義務づけられています。

○ ［秘密保持義務］同法第68条の3により、原子力事業者等及びその従業者並びにこれらの者であった者は、正当な理由がなく、業務上知ることのできた特定核燃料物質の防護に関する秘密を漏らしてはならないとされ、核物質防護に関する秘密保持義務が課せられ、また、その罰則も規定されています。

(iii) **輸送の核物質防護**

○ ［輸送の防護措置］核燃料物質の輸送のときの核物質防護については、同法第59条第1項により、原子力事業者等は、核燃料物質又は核燃料物質によって汚染された物を工場等の外において運搬する場合においては、運搬する物に関しては主務省令、その他の事項に関しては主務省令で定める技術上の基準に従って保安のために必要な措置（当該核燃料物質に政令で定める特定核燃料物質を含むときは、保安及び特定核燃料物質の防護のために必要な措置）を講じなけれ

ばならないとされ、特定核燃料物質を輸送するときは防護措置を講じなければならないとされています。原子炉等規制法施行令第47条により、輸送のときには防護対象特定核燃料物質に対して防護措置が必要になります。原子炉等規制法の下で原子炉等規制法施行令、「核燃料物質等の工場又は事業所の外における運搬に関する規則」、「特定核燃料物質の運搬の取決めに関する規則」、「核燃料物質等車両運搬規則」などにより、詳細な規制の内容が規定されています。以下、これらの規則等に示される防護対象特定核燃料物質の区分に応じて求められる輸送のときの防護措置を示します。

① 輸送計画の作成（区分Ⅰ、区分Ⅱ、区分Ⅲ）
② 防護のために必要な処置を記載した書類の携行（区分Ⅰ、区分Ⅱ、区分Ⅲ）
③ 施錠及び封印
　・ コンテナ（区分Ⅰ、区分Ⅱ）
　・ 輸送容器（区分Ⅰ、区分Ⅱ）
④ 連絡体制の整備（区分Ⅰ、区分Ⅱ）
⑤ 運搬責任者の配置（区分Ⅰ、区分Ⅱ、区分Ⅲ）
⑥ 見張人の配置（区分Ⅰ、区分Ⅱ）
⑦ 緊急時対応計画の作成（区分Ⅰ、区分Ⅱ、区分Ⅲ）
⑧ 防護のための詳細事項の漏えいを防止するために、秘密の範囲及び業務上知り得る者を指定するなどの管理方法を定めること（区分Ⅰ、区分Ⅱ、区分Ⅲ）
⑨ 防護措置は、妨害破壊行為等の脅威に対応したものとすること（省令で示された核物質が収納されているものを輸送する場合）（区分Ⅰ、区分Ⅱ、区分Ⅲ）

○ ［運搬の取決め］同法第59条の2第1項により、特定核燃料物質の輸送においては、発送人、当該運搬について責任を有する者と受取人の間で運搬に係る責任が移転される時期、場所等について取決めを締結しなければならないとされています。

○ ［運搬の取決めの確認］同法第59条の2第2項により、運搬が開始される前に、上記の運搬の責任の移転に係る取決めの締結について文部科学大臣の確認を受けなければならないとされています。

（核物質防護に関する規制等のまとめ）

(注：［原］は原子炉等規制法を指す。「(3)規制の内容」については実用発電用原子炉を例にとって記載した。)

規制の分類	規制の内容	該当条文	政令、規則等
(1)目的	核物質の防護	［原］第1条	
(2)核物質防護の対象	特定核燃料物質	［原］第2条第5項	原子炉等規制法施行令第1条
	防護対象特定核燃料物質		原子炉等規制法施行令第2条
(3)規制の内容	特定核燃料物質の防護のために講ずべき措置	［原］第35条第2項	原子炉等規制法施行令第18条、実用発電炉規則第15条の2
	核物質防護規定の認可	［原］第43条の2第1項	実用発電炉規則第19条の2
	核物質防護検査	［原］第43条の2第2項	実用発電炉規則第19条の2の2
	核物質防護管理者の選任の届出	［原］第43条の3	実用発電炉規則第19条の3、第19条の4
	秘密保持義務	［原］第68条の3	
(4)輸送の核物質防護	輸送の防護措置	［原］第59条第1項	原子炉等規制法施行令第47条、事業所外運搬規則、車両運搬規則
	運搬の取決め	［原］第59条の2第1項	運搬取決め規則
	運搬の取決めの確認	［原］第59条の2第2項	運搬取決め規則

(原子炉等規制法施行令＝核原料物質、核燃料物質及び原子炉の規制に関する法律施行令、実用発電炉規則＝実用発電用原子炉の設置、運転等に関する規則、事業所外運搬規則＝核燃料物質等の工場又は事業所の外における運搬に関する規則、車両運搬規則＝核燃料物質等車両運搬規則、運搬取決め規則＝特定核燃料物質の運搬の取決めに関する規則)

VII
事故対応の措置

1 原子力災害対策特別措置法

(1) 概要

　原子力災害対策特別措置法は、1999年（平成11年）のジェー・シー・オー（JCO）核燃料加工施設で発生した臨界事故を契機にして、原子力災害対策の充実・強化を図るために制定されました。災害対策については一般法である災害対策基本法がありますが、原子力災害対策特別措置法は、原子力災害の場合において災害対策基本法を補完する特別法になっています。

　原子力災害対策に係る規定は、この法律の下で「原子力災害対策特別措置法施行令」（以下「原災法施行令」といいます。）と「原子力災害対策特別措置法施行規則」（文部科学省、経済産業省及び国土交通省の共同省令、以下「原災法施行規則」といいます。）によって、詳細な内容が規定されています。

　この法律の目的は、第1条により、原子力災害の特殊性にかんがみ、原子力災害の予防に関する原子力事業者の義務等、原子力緊急事態宣言の発出及び原子力災害対策本部の設置等並びに緊急事態応急対策の実施その他原子力災害に関する事項についての特別の措置を定めることにより、核原料物質、核燃料物質及び原子炉の規制に関する法律、災害対策基本法その他原子力災害の防止に関する法律と相まって、原子力災害に対する対策の強化を図り、もって原子力災害から国民の生命、身体及び財産を保護することを目的とするとされており、原子力災害対策の措置をとることにより、原子力災害から国民の生命、身体及び財産を保護することを目的としています。

　同法第2条の定義では、「原子力災害」は、「原子力緊急事態により国民の生命、身体又は財産に生ずる被害をいう。」とされています。また「原子力緊急事態」は、原子力事業者の原子炉の運転等により放射性物質又は放射線が異常な水準で当該原子力事業者の原子力事業所外（原子力事業所の外における放射性物質の運搬（以下「事業所外運搬」という。）の場合にあっては、当該運搬に使用する容器外）へ放出された事態とさ

れており、放射性物質又は放射線が異常な水準で原子力事業所外へ放出された事態、又は放射性物質の事業所外の輸送の場合において放射性物質又は放射線が異常な水準で輸送容器の外へ放出された事態をいいます。ジェー・シー・オー臨界事故の場合は、放射線が異常な水準で原子力事業所外へ放出された事態でした。また、この法律の対象となる「原子力事業者」が定義されていて、加工事業者、原子炉設置者、使用済燃料貯蔵事業者、再処理事業者、放射性廃棄物の廃棄事業者と核燃料物質の使用者（核燃料物質の使用者については、原子炉等規制法に基づき保安規定を定めなければならないとされている者に限る。）となっています。なお、原子力施設を長期間にわたって使用する予定がない者などは適用対象から除外されます。

この法律の基本骨格は、大きく次の３点からなります。
① 原子力事業者、国及び地方公共団体がそれぞれの責務の下に、連携協力すること。
② 原子力災害に対する通常時の備えをしておくこと。
③ 原子力災害又は原子力災害につながるおそれに対して、迅速かつ適確に対応すること。

以下、これらの３点について本法の内容をみていきます。原子力災害対策は各種の原子力活動について基本的には同じ内容の枠組みになっていますが、ここでは具体的な規定の内容は実用発電用原子炉を例にとって示します。

(2) 原子力事業者等の責務と連携協力

○［原子力事業者の責務］同法第３条により、原子力事業者は、原子力災害の発生の防止に関し万全の措置を講ずるとともに、原子力災害（原子力災害が生ずる蓋然性を含む。）の拡大の防止及び原子力災害の復旧に関し、誠意をもって必要な措置を講ずる責務を有するとされ、原子力事業者は、原子力災害の発生の防止、拡大の防止、復旧等に責務を持つとされています。

○［国の責務］同法第４条により、国は、原子力災害対策本部の設置、地方公共団体への必要な指示その他緊急事態応急対策の実施のために必要な措置並びに原子力災害予防対策及び原子力災害事後対策の

実施のために必要な措置を講ずること等により、原子力災害についての災害対策基本法第三条第一項の責務を遂行しなければならないとされ、国は、原子力災害対策本部の設置等により組織及び機能のすべてをあげて防災に関し万全の措置を講ずる責務を持つとされています。
- ［地方公共団体の責務］同法第5条により、地方公共団体は、原子力災害予防対策、緊急事態応急対策及び原子力災害事後対策の実施のために必要な措置を講ずること等により、原子力災害についての災害対策基本法第四条第一項及び第五条第一項の責務を遂行しなければならないとされ、地方公共団体は、原子力災害予防対策等により防災に関する計画の作成などの責務を持つとされています。
- ［関係機関の連携協力］以上のように、原子力事業者、国及び地方公共団体のそれぞれの責務を定めた上で、同法第6条により、「国、地方公共団体、原子力事業者並びに指定公共機関及び指定地方公共機関は、原子力災害予防対策、緊急事態応急対策及び原子力災害事後対策が円滑に実施されるよう、相互に連携を図りながら協力しなければならない。」とされ、国、地方公共団体、原子力事業者等の間の連携協力が求められています。

(3) 通常時の備え

- ［原子力事業者の対応］原子力事業者の対応として、原子力事業者防災業務計画を作成すること（同法第7条）、原子力防災組織を設置すること（同法第8条）、原子力防災管理者を選任し、原子力防災組織を統括させること（同法第9条）、放射線測定設備その他の必要な資機材を整備すること（同法第11条）などが義務づけられています。
- ［国の対応］主務大臣の対応として、緊急事態応急対策拠点施設を指定しておくこと（同法第12条）、防災訓練に関する国の計画を作成すること（同法第13条）、原子力防災専門官を置くこと（同法第30条）などが規定されています。

　この中で同法第12条により規定される「緊急事態応急対策拠点施設」については、原子力事業所ごとに、緊急事態応急対策の拠点と

なる施設であって当該原子力事業所の区域をその区域に含む都道府県の区域内にあることその他主務省令で定める要件に該当するものとされ、関係機関の責任者等が集まり、連携して緊急事態への応急対策を講じる具体的な場として、国が指定しておくとされています。通常、この緊急事態応急対策拠点施設はオフサイトセンターと呼ばれています。大規模な原子力施設のある場所ごとにこのオフサイトセンターが指定されており、原子力災害に係る事態にいつでも対応できるように、通信機器、放射線測定機器等の関連機器が整備されています。

(4) 原子力災害又はそのおそれへの迅速かつ適確な対応

○ ［事象の通報］同法第10条第1項により、原子力防災管理者は、原子力事業所の区域の境界付近において政令で定める基準以上の放射線量が政令で定めるところにより検出されたことその他の政令で定める事象の発生について通報を受け、又は自ら発見したときは、直ちに、主務省令及び原子力事業者防災業務計画の定めるところにより、その旨を主務大臣、所在都道府県知事、所在市町村長及び関係隣接都道府県知事に通報しなければならないとされています。ここでいう事象を、通常「通報事象」といいます。原子力防災管理者は、通報事象が発生したときには、主務大臣や関係地方公共団体の長などに通報する義務があるとされています。通報事象の具体的な基準は、原災法施行令第4条及び原災法施行規則第5条から第9条において、

① 放射線量検出の事象：敷地境界付近ガンマ線が1時間当たり5マイクロシーベルト（1地点10分間継続）など

② 緊急事態に至る可能性のある事象：実用発電用原子炉の運転を通常の中性子吸収材の挿入により停止することができないことその他の原子炉の運転等のための施設又は事業所外運搬に使用する容器の特性ごとに原子力緊急事態に至る可能性のある事象として主務省令で定めるものとして、例えば実用発電用原子炉の場合は、原子炉の非常停止が必要な場合において、通常の中性子の吸収材により原子炉を停止することができないことなど

が示されています。また、輸送の場合の通報事象の基準は、火災、爆発その他これらに類する事象の発生の際に、放射性物質の漏えい又は漏えいの蓋然性が高い状態にあり、輸送容器から1メートル離れた場所において1時間当たり100マイクロシーベルト以上の放射線量が検出されたときとされています。このようにして、通報事象の基準とそれへの初期対応について規定されています。

○［緊急事態］同法第15条第1項により、「主務大臣は、次のいずれかに該当する場合において、原子力緊急事態が発生したと認めるときは、直ちに、内閣総理大臣に対し、その状況に関する必要な情報の報告を行うとともに、次項の規定による公示及び第三項の規定による指示の案を提出しなければならない。

　一　第十条第一項前段の規定により主務大臣が受けた通報に係る検出された放射線量又は政令で定める放射線測定設備及び測定方法により検出された放射線量が、異常な水準の放射線量の基準として政令で定めるもの以上である場合

　二　前号に掲げるもののほか、原子力緊急事態の発生を示す事象として政令で定めるものが生じた場合」

とされ、原子力緊急事態の事象の基準とそれが発生した場合の主務大臣の対応が示されています。原子力緊急事態の事象の具体的な基準は、原災法施行令第6条及び原災法施行規則第19条から第21条において、

　① 放射線量検出の事象：敷地境界付近ガンマ線が1時間当たり500マイクロシーベルト（1地点10分間継続）など

　② 緊急事態の事象：実用発電用原子炉の運転を非常用の中性子吸収材の注入によっても停止することができないことその他の原子炉の運転等のための施設又は事業所外運搬に使用する容器の特性ごとに原子力緊急事態の発生を示す事象として主務省令で定めるものとして、例えば実用発電用原子炉の場合は、原子炉の非常停止が必要な場合において原子炉を停止する全ての機能が喪失することなど

が示されています。輸送の場合の緊急事態の基準は、火災、爆発その他これらに類する事象の発生の際に放射性物質の漏えい又は漏え

いの蓋然性が高い状態にあり、輸送容器から1メートル離れた場所において1時間当たり10ミリシーベルト以上の放射線量が検出されたときとされています。このようにして、緊急事態の基準とそれへの初期対応について規定されています。

主務大臣は、これらのいずれかに該当する場合において原子力緊急事態が発生したと認めるときは、直ちに内閣総理大臣に対して報告するとともに、次に示す「原子力緊急事態宣言」の公示案を提出することになります。

○［原子力緊急事態宣言と避難等の指示］同法第15条第2項により、内閣総理大臣は、原子力緊急事態に係る主務大臣からの報告等があったときは、直ちに、原子力緊急事態が発生したことと、①緊急事態応急対策を実施すべき区域、②原子力緊急事態の概要、③居住者等に周知させるべき事項を内容とする公示をするとされています。原子力緊急事態が発生したこととこれらの①から③の公示する内容を「原子力緊急事態宣言」といいます。また、同法第15条第3項により、内閣総理大臣は、当該区域を管轄する市町村長及び都道府県知事に対して、避難のための立退きや屋内への退避等の緊急事態応急対策に関する事項を指示するとされています。

○［原子力災害対策本部の設置］［原子力災害現地対策本部の設置］同法第16条により、内閣総理大臣は、原子力緊急事態宣言をしたときは、緊急事態応急対策を推進するため、臨時に内閣府に原子力災害対策本部を設置するとされています。同法第17条により、原子力災害対策本部長には内閣総理大臣がつき、原子力災害対策副本部長には主務大臣がつくことになります。また、原子力災害対策本部の下に原子力災害現地対策本部を置き、この設置場所を現地の緊急事態応急対策拠点としています。

○［原子力災害合同対策協議会の組織］同法第23条により、原子力災害現地対策本部、関係都道府県の災害対策本部と関係市町村の災害対策本部が情報を交換し相互に協力するために、それぞれの本部長等を構成員とする原子力災害合同対策協議会を組織するとされています。

○［原子力事業者の応急措置］同法第25条により、原子力事業者の原

子力防災管理者は、第10条の通報事象が発生したときは、原子力事業者防災業務計画に従って、原子力防災組織に原子力災害の発生又は拡大の防止のために必要な応急措置を行わせなければならないとされています。
- ［緊急事態応急対策とその実施責任］同法第26条により、指定行政機関の長、地方公共団体の長、原子力事業者などは原子力災害の発生又は拡大の防止のために必要な緊急事態応急対策を実施しなければならないとされています。
- ［原子力緊急事態の解除］同法第15条第4項により、内閣総理大臣は、原子力災害の拡大の防止を図るための応急の対策を実施する必要がなくなったと認めるときは、速やかに原子力安全委員会の意見を聴いて、原子力緊急事態の解除を行う旨の公示（以下「原子力緊急事態解除宣言」という。）をするとされています。

（原子力災害対策に関する規定等のまとめ）

（注：該当条文は原子力災害対策特別措置法の条数を指す。）

規定の分類	規定の内容	該当条文	政令、規則等
(1)定義	原子力災害、原子力緊急事態、原子力事業者	第2条	原災法施行令第1条
(2)原子力事業者等の責務と連携協力	原子力事業者の責務	第3条	
	国の責務	第4条	
	地方公共団体の責務	第5条	
	関係機関の連携協力	第6条	
(3)通常時の備え	原子力事業者防災業務計画の作成	第7条	原災法施行令第2条、第3条、原災法規則第2条
	原子力防災組織の設置	第8条	原災法規則第3条
	原子力防災管理者の選任	第9条	原災法規則第4条

規定の分類	規定の内容	該当条文	政令、規則等
	放射線測定設備等の整備	第11条	原災法規則第11条～第15条
	緊急事態応急対策拠点施設の指定	第12条	原災法規則第16条、第17条
	防災訓練に関する国の計画の作成	第13条	原災法規則第18条
	原子力防災専門官	第30条	
(4)原子力災害又はそのおそれへの迅速かつ適確な対応	事象の通報（通報事象の基準を含む。）	第10条	原災法施行令第4条、第5条、原災法規則第5条～第10条
	緊急事態（緊急事態の事象の基準を含む。）	第15条第1項	原災法施行令第6条、原災法規則第19条～第21条
	原子力緊急事態宣言	第15条第2項	
	避難等の指示	第15条第3項	
	原子力災害対策本部の設置	第16条、第17条	
	原子力災害現地対策本部の設置	第17条	
	原子力災害合同対策協議会の組織	第23条	
	原子力事業者の応急措置	第25条	
	緊急事態応急対策とその実施責任	第26条	
	原子力緊急事態の解除	第15条第4項	

（原災法施行令＝原子力災害対策特別措置法施行令、原災法規則＝原子力災害対策特別措置法施行規則）

2　原子力損害賠償法

(1) 概要

　万が一大きな原子力災害が発生すると、その損害賠償は巨額になるおそれがありますので、それに対応できるような仕組みを準備しておくことが必要になります。そのために原子力損害賠償制度が構築されています。

　原子力損害賠償制度の特徴として、まず第一に挙げられることは、この制度が相当期間の具体的な経験の蓄積の上にたって作られたものではなく、万一に備えるものとして、本格的な原子力開発が始められるとともに築き上げられてきたということです。世界の先頭にたって原子力開発を進めてきた米国において、1950年代の半ばに至り、原子力技術の開発に民間企業の参入が期待されるようになりました。民間企業は、大規模な原子力事故が発生した場合の損害が巨大な額に達するおそれがあり、その賠償は困難であるとして、政府に対して特別な制度を作ることを強く求めました。その結果、米国政府は事故の際に原子力事業者を保護するとともに国民の権利を守ることが必要であるとの判断から、原子力損害賠償制度の確立を進めることとし、1957年（昭和32年）に原子力損害賠償に関する法律である「プライス・アンダーソン法」を成立させました。その後、1950年代から1960年代にかけて、米国に引き続き、スイス（1959年）、旧西ドイツ（1960年）、日本（1961年）、英国（1965年）、フランス（1969年）と相次いで国内法が整備されていきました。

　第二の特徴は、世界的な原子力損害賠償制度が各国の国内法と併せて国際条約においても同時に整備されてきたということです。原子力損害賠償制度の確立に取り組む先進諸国は、世界の原子力開発を進める国が自国の原子力損害賠償制度を構築するための基盤を作ること、越境損害の問題に対応することなどを意図して、国際条約の整備に原子力開発初期の段階から着手しました。この結果、経済協力開発機構（OECD）の「原子力の分野における第三者責任に関するパリ条約」（パリ条約）が1968年（昭和43年）に発効したのに引き続き、IAEAの「原子力損害の

民事責任に関するウィーン条約」（ウィーン条約）が1977年（昭和52年）に発効しました。

第三の特徴は、原子力損害賠償制度の内容自体が一般の不法行為責任と比べて特別なものになっているということです。原子力損害賠償制度の目的は、①被害者の保護と、②原子力産業の健全な発達の２つに置かれていますが、この２つの目的を同時に満たすため、制度の内容は原子力事業者の厳格な責任、原子力事業者への責任の集中、国家による支援・補償等の特別な枠組みが取り入れられたものになっています。

(2) 我が国の原子力損害賠償制度

我が国の原子力損害賠償制度は、「原子力損害の賠償に関する法律」（以下「原賠法」といいます。）と「原子力損害賠償補償契約に関する法律」（以下「補償契約法」といいます。）の２つの法律により構築されています。原子力損害賠償制度の全般的枠組みを定めているものが前者の原賠法であり、全般的枠組みのうち、特に原子力事業者と国との間の補償契約に関する事項を定めているものが後者の補償契約法です。以下、特に断らない限り、「法」は原賠法を指します。原子力損害賠償に係る規定は、原賠法と補償契約法の下で「原子力損害の賠償に関する法律施行令」（以下「原賠法施行令」といいます。）と「原子力損害賠償補償契約に関する法律施行令」によって、詳細な内容が規定されています。

原賠法の目的は、その第１条により、「原子炉の運転等により原子力損害が生じた場合における損害賠償に関する基本的制度を定め、もつて被害者の保護を図り、及び原子力事業の健全な発達に資することを目的とする。」とされ、原子力損害賠償制度の目的を、被害者の保護を図ることと原子力産業の健全な発達に資することの２つに置くことが明確に示されています。

原賠法は、これらの２つの目的を満たすため、①原子力事業者の責任のあり方を明確にすること、②原子力事業者に損害賠償措置の義務を課すこと、③国家の支援・補償を位置づけることの３つの柱から構築されています。

(ⅰ) 原子力事業者の責任
　(イ) 責任の性質

同法第3条第1項において、「原子炉の運転等の際、当該原子炉の運転等により原子力損害を与えたときは、当該原子炉の運転等に係る原子力事業者がその損害を賠償する責めに任ずる。」として、原子力事業者の無過失責任を定めています。これは、原子力損害の発生の原因に原子力事業者の故意や過失がなかった場合でも、原子力事業者は原子力損害の賠償責任を持たなければならないとするものです。これによって、被害者が損害賠償の請求を容易に行うことができることになります。

(ロ)　責任の集中

　上記同法第3条第1項において原子力事業者に無過失責任を負わせるとともに、同法第4条第1項において、「前条の場合においては、同条の規定により損害を賠償する責めに任ずべき原子力事業者以外の者は、その損害を賠償する責めに任じない。」として、原子力事業者への責任の集中を明白に定めています。賠償責任を原子力損害の原因の如何にかかわらず、原子力事業者に集中させます。これによって、被害者は損害賠償の求償の相手方を容易に確認することができ、また原子力事業者以外のメーカー等の原子力産業の関係者は予測可能性と地位の安定を確保することができます。

(ハ)　免責事由

　同法第3条第1項中のただし書において、「ただし、その損害が異常に巨大な天災地変又は社会的動乱によつて生じたものであるときは、この限りでない。」として、原子力事業者の免責事由を定めています。原子力事業者に無過失責任を課し、責任を集中させますが、異常に巨大な自然災害や戦争・内戦等による原子力損害まで原子力事業者の責任として課すことは適当ではなく、これを免責します。これによって原子力事業者は一定の不可抗力による賠償責任から免責されるとともに、免責事由を限定することにより被害者の保護を図ることができます。

(ニ)　無限責任

　同法では、原子力事業者の責任の限度は特に定められておらず、無限責任となっています。国際条約も含めて世界の原子力損害賠償制度は、原子力事業者の賠償責任を無限とする無限責任の制度と、

賠償責任に限度を設ける有限責任の制度の2つに分かれています。被害者の保護の観点からは無限責任の方が望ましく、また原子力産業の健全な発達の観点からは有限責任の方が望ましいことになりますが、有限責任か無限責任かについては、損害賠償措置の義務の内容や国家による支援・補償の内容等を含めたそれぞれの制度の全体として考える必要があります。

(ⅱ) 原子力事業者の損害賠償措置の義務
　(イ) 損害賠償措置の義務
　　同法第6条において、「原子力事業者は、原子力損害を賠償するための措置（以下「損害賠償措置」という。）を講じていなければ、原子炉の運転等をしてはならない。」として、原子炉の運転等の事前に損害賠償措置を講ずべき義務を定めています。
　(ロ) 損害賠償措置の方法
　　同法第7条第1項においては、損害賠償措置の内容を「原子力損害賠償責任保険契約及び原子力損害賠償補償契約の締結若しくは供託」と定めています。現在、原子力事業者は、損害賠償措置として民間保険会社との間では原子力損害賠償責任保険契約を、また国との間では原子力損害賠償補償契約を締結しており、いずれの契約も原子力事業者の原子力損害の賠償の責任が発生した場合に賠償により生じる損失をてん補するものです。両者の役割分担は、同法第10条により、原子力損害賠償補償契約は、原子力事業者の原子力損害の賠償の責任が発生した場合において、責任保険契約その他の原子力損害を賠償するための措置によってはうめることができない原子力損害を原子力事業者が賠償することにより生ずる損失を政府が補償することを約し、原子力事業者が補償料を納付することを約する契約とするとされています。原子力損害賠償補償契約が担う原子力損害の対象については、補償契約法の第3条において、
　　・　地震又は噴火によって生じた原子力損害
　　・　正常運転によって生じた原子力損害
　　・　事故発生後、10年を経過した後に被害者から賠償の請求のなされた原子力損害
　などが挙げられています。

このように原子力損害が発生した場合に原子力事業者が賠償義務を確実に履行できるようにするため、原子力事業者に損害賠償責任保険の締結等の損害賠償措置を講じる義務を課しています。これ以外の方法としては、原子力事業者同士による責任共済、政府補償契約等があります。これによって被害者に対する賠償は確実なものになり、また原子力事業者も巨額の損害賠償額を一挙に支出するという損害を負うリスクを経常的支出により手当てすることができるようになります。

(ハ) 損害賠償措置による金額

我が国の原賠法では、原子力事業者の責任の限度は無限責任となっていますが、損害賠償措置として損害賠償に充てられる額の最低限度を設けており、同法第7条により、損害賠償措置により、一工場若しくは一事業所当たり若しくは一原子力船当たり千二百億円（政令で定める原子炉の運転等については、千二百億円以内で政令で定める金額とする。以下「賠償措置額」という。）を原子力損害の賠償に充てることができるとされ、賠償措置額を1200億円と定めています。ただし、標準的な規模に達しない原子炉の運転等については、賠償措置額として1200億円以内の金額を原賠法施行令で定めるとされています。原賠法施行令第2条で定められている主要な賠償措置額は次の通りです。

① (a)熱出力が1万キロワットを超える原子炉の運転と、(b)再処理については1200億円

② (a)熱出力が100キロワットを超え1万キロワット以下の原子炉の運転、(b)燃料加工（濃縮度の高いウラン（濃縮度5％以上のウランでウラン235が80グラム以上のもの）やプルトニウム（プルトニウムの量が500グラム以上のもの）に係る加工）、(c)使用済燃料の貯蔵、(d)高レベル放射性廃棄物ガラス固化体の廃棄物埋設、(e)高レベル放射性廃棄物ガラス固化体の廃棄物管理、(f)濃縮度の高いウランやプルトニウム、使用済燃料、高レベル放射性廃棄物ガラス固化体の輸送などについては240億円

③ (a)熱出力が100キロワット以下の原子炉の運転、(b)濃縮度の高くないウラン（濃縮度が5％未満でウラン235の量が2000グラム以上のもの）の燃料加工、(c)廃棄物埋設（高レベル放射性廃棄物

ガラス固化体の廃棄物埋設を除く。)、(d)廃棄物管理（高レベル放射性廃棄物ガラス固化体の廃棄物管理を除く。)、(e)上記②の(f)を除く核燃料物質等の輸送などについては40億円

　我が国の原賠法は、現在まで計5回にわたって法改正されていますが、これらの5回の法改正に共通しているのは、国の補償契約制度（同法第10条第1項）と国の援助（同法第16条第1項）に関する規定の適用期限の延長及び賠償措置額（同法第7条第1項）の改正です。原賠法では、国の補償契約制度と国の援助を一定期限までの規定としていますが（同法第20条）、これは責任保険契約が将来、充実・拡大するような状況になった場合には、その分、国の補完部分の必要性がなくなることなどを考慮して、立法当初に一応10年の期限を設けたものです。この仕組みは米国の「プライス・アンダーソン法」の影響を受けています。ほぼ10年ごとの計5回の法改正において期限が10年間ずつ延長されてきています。賠償措置額については、損害保険会社の保険引受け能力や原子力損害賠償制度に係る国際動向などを踏まえ、1961年（昭和36年）の法制定時点で50億円であったものが、1971年（昭和46年）の改正では60億円に、1979年（昭和54年）の改正では100億円に、1989年（平成元年）の改正では300億円に、1998年（平成10年）の改正では600億円に、そして2009年（平成21年）の改正では1200億円に増額され、現在に至っています。

　原子力事業者の損害賠償措置は、損害賠償のための原資を一定額まで確実に確保するものです。迅速かつ確実な賠償の履行のための基礎的資金を確保することにより被害者の保護を図ることができ、また原子力事業者が計画的に損害賠償措置に取り組めることにより、原子力産業の健全な発達を図ることができます。なお、無限責任の制度では、損害額が賠償措置額を超えた場合でも、なお原子力事業者に責任がありますが、有限責任の制度の多くは賠償措置額を原子力事業者の賠償責任の限度としています。

(iii) 国家による支援・補償

　同法第16条により、政府は、原子力損害が生じた場合において、原子力事業者が第三条の規定により損害を賠償する責めに任ずべき額が賠償措置額を超え、かつ、この法律の目的を達成するために必要があ

ると認めるときは、原子力事業者に対し、原子力事業者が損害を賠償するために必要な援助を行なうものとするとされ、原子力事業者が引き受けるべき損害賠償額が賠償措置額を超えた場合で必要があると認めるときは、国が必要な援助を行うことになっています。原子力事業者に対する国の援助としては、補助金の交付、低利融資、利子補給等が考えられます。

なお、同法第17条により、原子力事業者の免責事由とされた異常に巨大な天災地変又は社会動乱によって生じた原子力損害などの場合は、政府は、被災者の救助及び被害の拡大の防止のため必要な措置を講ずるようにするとされ、国の措置が定められています。

国家による支援・補償を含めた原子力損害賠償の対応の概要を次表に示します。

（我が国の原子力損害賠償の対応の概要）

責任を負う者	損害の原因、損害賠償額の大きさ	損害賠償の対応
原子力事業者	損害賠償額が賠償措置額の範囲内の場合 (1)原因が下記(2)の免責事由以外の場合 (2)原因が地震又は噴火、正常運転中、10年以後の請求の場合	左欄の(1)に対して、原子力損害賠償責任保険契約による損害賠償がなされる（原賠法第7条）。 左欄の(2)に対して、原子力損害賠償補償契約による損害賠償がなされる（原賠法第7条、第10条、補償契約法）。
	損害賠償額が賠償措置額を超える場合	必要と認めるとき、国の援助がなされる（原賠法第16条）。
国	異常に巨大な天災地変、社会動乱	国の措置がとられる（原賠法第17条）。

（原子力損害賠償に関する規定等のまとめ）

(注：該当条文は原賠法の条数を指す。)

規定の分類	規定の内容	該当条文	政令、規則等
(1)目的	被害者の保護と原子力産業の健全な発達	第1条	
(2)定義	原子炉の運転等、原子力損害、原子力事業者	第2条	原賠法施行令第1条
(3)原子力事業者の責任	責任の性質	第3条	
	責任の集中	第3条及び第4条	
	免責事由	第3条(ただし書)	
	無限責任	第3条	
(4)原子力事業者の損害賠償措置の義務	損害賠償措置の義務	第6条	
	損害賠償措置の方法	第7条	
	原子力損害賠償補償契約の締結	第10条	具体的な内容は補償契約法
	損害賠償措置による金額	第7条	原賠法施行令第2条
(5)国家による支援・補償	国の援助	第16条	
	国の措置	第17条	

(原賠法施行令＝原子力損害の賠償に関する法律施行令、補償契約法＝原子力損害賠償補償契約に関する法律)

(iv) 損害賠償制度の適用

　　1999年（平成11年）9月に発生したジェー・シー・オー臨界事故においては、損害賠償のために責任保険から10億円が支払われました。この金額は、その当時、ジェー・シー・オー核燃料加工施設が該当する核燃料物質の加工施設に対する賠償措置額が10億円に設定されていたためです。現実には、請求のあった損害額は10億円を大幅に超えましたが、ジェー・シー・オーは自らの資金に加え、親会社の資金援助により賠償のための支払いを行いました。

(3) 国際的な原子力損害賠償制度

　原子力損害賠償制度に係る国際条約としては、パリ条約とウィーン条約があり、これらが世界的な原子力損害賠償制度の全体の枠組みを形作っています。経済協力開発機構（OECD）のパリ条約、すなわち「原子力の分野における第三者責任に関するパリ条約」は1960年（昭和35年）に採択され、1968年（昭和43年）に発効しました。パリ条約の採択の後、1963年（昭和38年）にブラッセル条約が採択されましたが、これはパリ条約を充実・強化するためのもので、1974年（昭和49年）に発効しました。IAEAのウィーン条約、すなわち「原子力損害の民事責任に関するウィーン条約」は1963年（昭和38年）に採択され、1977年（昭和52年）に発効しました。

　パリ条約とウィーン条約の基本的枠組みは、大きく、①各国の原子力損害賠償制度を一定水準以上のものとすること、②越境損害に対する賠償処理の枠組みを作ることの2つからなっています。①については、原子力事業者の責任、原子力事業者の損害賠償措置の義務、国家による支援・補償等を内容としており、②については裁判管轄権等を内容としています。しかし1986年（昭和61年）の旧ソ連のチェルノブイリ事故に対しては、旧ソ連が原子力損害賠償に係る国際条約に加盟していなかったこともあり、国際的な原子力損害賠償制度は機能しませんでした。この結果、チェルノブイリ事故以降、各国や国際機関において原子力損害賠償制度の充実・強化に向けて様々な努力がなされることになりました。国際条約については1988年（昭和63年）に締約国の地理的な広がりの範囲を拡大することを目的として、パリ条約とウィーン条約を連結するジョイント・プロトコルが策定されました。また国際条約の内容そのものを強化するために改正ウィーン条約が策定され（1997年（平成9年）採択、2003年（平成15年）発効）、責任限度額が大幅に引き上げられて3億SDRを下回らない額とされました（ウィーン条約は500万米ドル）。SDR（：Special Drawing Rights）とは実際の通貨ではありませんが、国際通貨基金（IMF）の特別引出権のことで、SDRの価値は主要通貨の加重平均で決められます。3億SDRは約4.7億米ドルに相当します。パリ条約についても改正パリ条約が策定され（2004年（平成16年）採択、

未発効)、これも責任限度額が引き上げられ7億ユーロとされました(パリ条約は1500万SDR)。なお、改正ウィーン条約や改正パリ条約は元のウィーン条約やパリ条約とは別に採択・発効となっており、現在、改正ウィーン条約は発効していますが、改正パリ条約はまだ発効していません。

　また、ウィーン条約(又は改正ウィーン条約)とパリ条約(又は改正パリ条約)を補完するものとして「原子力損害の補完的補償に関する条約」(Convention on Supplementary Compensation for Nuclear Damage)(補完基金条約：CSC)が1997年(平成9年)に採択されました。補完基金条約は、締約国で原子力事故が発生し、その原子力損害が当該締約国の責任限度額(原則3億SDR)を超えた場合、全ての加盟国の拠出により作られた補完基金により、被害者に対する補償額を増額させようとするものです。この条約に加盟できる条件は、ウィーン条約又はパリ条約に加盟していること、又は本条約附属書に示す一定の内容を有する国内法が整備されていることです。米国、アルゼンチン等の4ヶ国がこの補完基金条約を批准していますが、まだ発効はしていません。

　これらの国際条約と我が国の原賠法は、ともに原子力損害賠償制度としての基本的枠組みは共通していますが、大きく異なるのは、損害賠償の責任の限度に関し、国際条約は有限責任であるのに対して、我が国の原賠法は無限責任である点です。このようなこともあり、我が国はこれらの原子力損害賠償に係る国際条約のいずれにもまだ加盟していません。

　改正パリ条約、改正ウィーン条約と補完基金条約の概要を次表に示します。

(改正パリ条約、改正ウィーン条約及び補完基金条約の概要)

条約の内容	改正パリ条約	改正ウィーン条約	補完基金条約
機関	経済協力開発機構(OECD)	国際原子力機関(IAEA)	国際原子力機関(IAEA)
採択年、発効年	2004年採択、未発効	1997年採択、2003年発効	1997年採択、未発効
加盟国数	EU加盟国が署名	5ヶ国	4ヶ国
責任の性質	無過失責任	無過失責任	無過失責任

条約の内容	改正パリ条約	改正ウィーン条約	補完基金条約
責任の集中	運転者に集中	運転者に集中	運転者に集中
免責事由	戦闘行為等	戦闘行為等	戦闘行為等、異常に巨大な自然災害
責任の有限又は無限	有限責任	有限責任	有限責任
損害賠償措置の方法	保険等	保険等	保険等
損害賠償措置の金額	1事故当たり7億ユーロを下回らない額	1事故当たり3億SDRを下回らない額	1事故当たり3億SDRを下回らない額
国家の支援・補償	責任制限額と賠償措置額の差額を補償。	責任制限額と賠償措置額の差額を補償。	責任制限額と賠償措置額の差額を補償。
裁判管轄権	原則として、原子力事故の発生した領域の締約国のみが裁判権を持つ。	原則として、原子力事故の発生した領域の締約国のみが裁判権を持つ。	原則として、原子力事故の発生した領域の締約国のみが裁判権を持つ。

(注：改正パリ条約と改正ウィーン条約は、それぞれパリ条約とウィーン条約とは別の条約の位置づけであり、パリ条約については現在15ヶ国が加盟して発効しており、ウィーン条約についても32ヶ国が加盟して発効しています。)

VIII
法令・基準・指針・規格等の一覧

1　全般

①原子力基本法関係
・　原子力基本法（昭和30年法律第186号）
・　核燃料物質、核原料物質、原子炉及び放射線の定義に関する政令（昭和32年政令第325号）

②原子力安全委員会関係
・　原子力委員会及び原子力安全委員会設置法（昭和30年法律第188号）
・　原子力委員会及び原子力安全委員会設置法施行令（昭和31年政令第4号）

③放射線審議会関係
・　放射線障害防止の技術的基準に関する法律（昭和33年法律第162号）
・　放射線審議会令（昭和33年政令第135号）

④原子炉等規制法関係
・　核原料物質、核燃料物質及び原子炉の規制に関する法律（昭和32年法律第166号）（本書の中では「原子炉等規制法」としています。）
・　核原料物質、核燃料物質及び原子炉の規制に関する法律施行令（昭和32年政令第324号）

⑤労働安全衛生関係（放射線業務従事者の放射線障害防止）
・　労働安全衛生法（昭和47年法律第57号）
・　電離放射線障害防止規則（昭和47年労働省令第41号）

⑥安全規制に係る独立行政法人関係
・　独立行政法人原子力安全基盤機構法（平成14年法律第179号）

2　原子力活動関係

(1)　実用発電用原子炉の規制

　原子力の安全規制という観点からは、原子炉等規制法と電気事業法（昭和39年法律第170号）の二法により規制されます。

①原子炉等規制法関係
- 実用発電用原子炉の設置、運転等に関する規則（昭和53年通商産業省令第77号）
- 実用発電用原子炉の設置、運転等に関する規則の規定に基づく線量限度等を定める告示（平成13年経済産業省告示第187号）
- 工場又は事業所における核燃料物質等の運搬に関する措置に係る技術的細目等を定める告示（昭和53年通商産業省告示第666号）

②電気事業法関係
- 電気事業法施行令（昭和40年政令第206号）
- 電気事業法施行規則（平成7年通商産業省令第77号）
- 発電用原子力設備に関する技術基準を定める省令（昭和40年通商産業省令第62号）
- 発電用原子力設備に関する放射線による線量等の技術基準（平成13年経済産業省告示第188号）
- 発電用核燃料物質に関する技術基準を定める省令（昭和40年通商産業省令第63号）

③学協会規格
　〇発電用原子力設備に関する技術基準を定める省令の規制基準を満たすと認められたもの
- 日本機械学会「設計・建設規格第Ⅰ編（JSME S NC1-2001）」
- 日本機械学会「設計・建設規格第Ⅰ編（JSME S NC1-2005）」
- 日本機械学会「設計・建設規格第Ⅰ編（JSME S NC1-2007）」
- 日本機械学会「設計・建設規格（JSME S NC1-2001）（JSME S NC1-2005）事例規格：過圧防護に関する規定（NC-CC-001）」
- 日本機械学会「設計・建設規格（JSME S NC1-2001）（JSME S NC1-2005）事例規格：発電用原子力設備における応力腐食割れ発生の抑制に対する考慮（NC-CC-002）」
- 日本機械学会「設計・建設規格（JSME S NC1-2005）事例規格：設計・建設規格2005年版「管の設計」（管継手、フランジ）のJIS規格年版の読替規定（NC-CC-003）」
- 日本機械学会「設計・建設規格（JSME S NC1-2005）事例規格：設計・建設規格2005年版付録材料図表JIS規格年版の読替規定（NC

-CC-004)」
- 日本機械学会「維持規格（JSME S NA 1-2000）」
- 日本機械学会「維持規格（JSME S NA 1-2002）」
- 日本機械学会「維持規格（JSME S NA 1-2004）」
- 日本機械学会「維持規格（JSME S NA 1-2008）」
- 日本機械学会「維持規格（JSME S NA 1-2002）事例規格：周方向欠陥に対する許容欠陥角度制限の代替規定（NA-CC-002）」
- 日本機械学会「溶接規格（JSME S NB 1-2001）」
- 日本機械学会「溶接規格（JSME S NB 1-2007）」
- 日本機械学会「配管内円柱状構造物の流力振動評価指針（JSME S 012-1998）」
- 日本機械学会「蒸気発生器伝熱管U字管部流力弾性振動防止指針（JSME S 016-2002）」
- 日本機械学会「配管の高サイクル熱疲労に関する評価指針（JSME S 017-2003）」
- 日本機械学会「配管減肉管理に関する技術規格（JSME S CA 1-2005）」
- 日本機械学会「コンクリート製原子炉格納容器規格（JSME S NE 1-2003）」
- 日本機械学会「沸騰水型原子力発電所配管減肉管理に関する技術規格（JSME S NH 1-2006）」
- 日本機械学会「加圧水型原子力発電所配管減肉管理に関する技術規格（JSME S NG 1-2006）」
- 日本電気協会「原子炉冷却材圧力バウンダリ、原子炉格納容器バウンダリの範囲を定める規程（JEAC 4602-2004）」
- 日本電気協会「原子力発電所工学的安全施設及びその関連施設の範囲を定める規程（JEAG 4605-2004）」
- 日本電気協会「原子力発電所の火災防護指針（JEAG 4607-1999）」
- 日本電気協会「原子力発電所耐震設計技術指針（JEAG 4601-1987）」
- 日本電気協会「原子力発電所耐震設計技術指針・補　重要度分類・許容応力編（JEAG 4601・補-1984）」
- 日本電気協会「原子力発電所耐震設計技術指針　追補版（JEAG

4601-1991)」
- 日本電気協会「原子炉格納容器の漏えい率試験規程（JEAC 4203-2004）」
- 日本電気協会「原子力発電所の放射線遮へい設計指針（JEAG 4615-2003）」
- 日本電気協会「原子炉構造材の監視試験方法（JEAC 4201-2007）」
- 日本電気協会「原子力発電所用機器に対する破壊靱性の確認試験方法（JEAC 4206-2007）」
- 日本電気協会「軽水型原子力発電所用機器の供用期間中検査における超音波探傷試験規程（JEAC 4207-2008）」

○ ［電気事業法施行規則に関する学協会規格］
- 日本電気協会「原子力発電所の保守管理規程（JEAC 4209-2007）」
- 日本電気協会「原子力発電所の保守管理指針（JEAG 4210-2007）」
- 日本電気協会「原子力発電所の設備診断に関する技術指針−回転機械振動診断技術（JEAG 4221-2007）」
- 日本電気協会「原子力発電所の設備診断に関する技術指針−潤滑油診断技術原子力発電所の保守管理規程（JEAG 4222-2008）」
- 日本電気協会「原子力発電所の設備診断に関する技術指針−赤外線サーモグラフィー診断技術（JEAG 4223-2008）」
- 日本電気協会「安全保護系計器のドリフト評価指針（JEAG 4621-2007）」

○ ［実用発電用原子炉の設置、運転等に関する規則に関する学協会規格］
- 日本電気協会「原子力発電所における安全のための品質保証規程（JEAC 4111-2009）」

④原子力安全委員会審査指針
- 原子炉立地審査指針及びその適用に関する判断のめやすについて
- 発電用軽水型原子炉施設に関する安全設計審査指針
- 発電用軽水型原子炉施設の安全評価に関する審査指針
  - 発電用加圧水型原子炉の炉心熱設計評価指針
  - 軽水型動力炉の非常用炉心冷却系の性能評価指針
  - 発電用軽水型原子炉施設の反応度投入事象に関する評価指針

- ・ BWR．MARK Ⅰ型格納容器圧力抑制系に加わる動荷重の評価指針
- ・ BWR．MARK Ⅱ型格納容器圧力抑制系に加わる動荷重の評価指針
- ・ 発電用原子炉施設の安全解析に関する気象指針
- 発電用軽水型原子炉施設周辺の線量目標値に関する指針
    - ・ 発電用軽水型原子炉施設周辺の線量目標値に対する評価指針
    - ・ 発電用軽水型原子炉施設における放出放射性物質の測定に関する指針
- 発電用軽水型原子炉施設の安全機能の重要度分類に関する審査指針
- 発電用原子炉施設に関する耐震設計審査指針

(2) 試験研究用原子炉の規制

試験研究用原子炉は、原子炉等規制法により規制されます。

①原子炉等規制法関係
- ・ 試験研究の用に供する原子炉等の設置、運転等に関する規則（昭和32年総理府令第83号）
- ・ 試験研究の用に供する原子炉等の設計及び工事の方法の技術基準に関する規則（昭和62年総理府令第11号）
- ・ 試験研究の用に供する原子炉等の溶接の技術基準に関する規則（昭和61年総理府令第74号）
- ・ 試験研究の用に供する原子炉等の設置、運転等に関する規則等の規定に基づき、線量限度等を定める告示（昭和63年科学技術庁告示第20号）
- ・ 試験研究の用に供する原子炉等に係る放射能濃度についての確認等に関する規則（平成17年文部科学省令第49号）

②原子力安全委員会審査指針
- ・ 水冷却型試験研究用原子炉施設に関する安全設計審査指針
- ・ 水冷却型試験研究用原子炉施設の安全評価に関する審査指針

(3) 研究開発段階発電用原子炉の規制

研究開発段階発電用原子炉は、原子炉等規制法と電気事業法の二法に

より規制されます。
①原子炉等規制法関係
- 研究開発段階にある発電の用に供する原子炉の設置、運転等に関する規則（平成12年総理府令第122号）
- 研究開発段階にある発電の用に供する原子炉の溶接の技術基準に関する規則（平成12年総理府令第121号）
- 研究開発段階にある発電の用に供する原子炉の設計及び工事の方法の技術基準に関する規則（平成12年総理府令第120号）
- 核燃料物質の加工の事業に関する規則等の規定に基づき、線量限度等を定める告示（平成12年科学技術庁告示第13号）

②電気事業法関係
- 電気事業法施行規則（平成7年通商産業省令第77号）
- 発電用原子力設備に関する技術基準を定める省令（昭和40年通商産業省令第62号）
- 発電用原子力設備に関する放射線による線量等の技術基準（平成13年経済産業省告示第188号）
- 発電用核燃料物質に関する技術基準を定める省令（昭和40年通商産業省令第63号）
- 日本電気協会電気技術指針「原子力発電所耐震設計技術指針（JEAG 4601-1987）」

③原子力安全委員会審査指針（高速増殖炉関係）
- 高速増殖炉の安全性の評価の考え方
- プルトニウムを燃料とする原子炉の立地評価上必要なプルトニウムに関するめやす線量について

(4) 製錬の事業

製錬の事業は、原子炉等規制法により規制されます。
- 核原料物質又は核燃料物質の製錬の事業に関する規則（昭和32年総理府・通商産業省令第1号）
- 核原料物質又は核燃料物質の製錬の事業に関する規則の規定に基づく線量限度等を定める告示（平成13年経済産業省告示第209号）

(5) 加工の事業

　加工の事業は、原子炉等規制法により規制されます。
①原子炉等規制法関係
・　核燃料物質の加工の事業に関する規則（昭和41年総理府令第37号）
・　加工施設の設計及び工事の方法の技術基準に関する規則（昭和62年総理府令第10号）
・　加工施設、再処理施設、特定廃棄物埋設施設及び特定廃棄物管理施設の溶接の技術基準に関する規則（平成12年総理府令第123号）
・　核燃料物質の加工の事業に関する規則等の規定に基づき、線量限度等を定める告示（平成12年科学技術庁告示第13号）
②原子力安全委員会審査指針
・　核燃料施設安全審査基本指針
・　ウラン加工施設安全審査指針
・　特定のウラン加工施設のための安全審査指針
・　ウラン・プルトニウム混合酸化物燃料加工施設安全審査指針
・　核燃料施設の立地評価上必要なプルトニウムに関するめやす線量について

(6) 使用済燃料の貯蔵の事業

　使用済燃料の貯蔵の事業は、原子炉等規制法により規制されます。
①原子炉等規制法関係
・　使用済燃料の貯蔵の事業に関する規則（平成12年通商産業省令第112号）
・　使用済燃料貯蔵施設の設計及び工事の方法の技術基準に関する省令（平成12年通商産業省令第113号）
・　使用済燃料貯蔵施設の溶接に関する技術基準を定める省令（平成12年通商産業省令第114号）
・　実用発電用原子炉の設置、運転等に関する規則の規定に基づく線量限度等を定める告示（平成13年経済産業省告示第187号）
②原子力安全委員会審査指針
・　核燃料施設安全審査基本指針

- 金属製乾式キャスクを用いる使用済燃料中間貯蔵施設のための安全審査指針

(7) 再処理の事業

再処理の事業は、原子炉等規制法により規制されます。
①原子炉等規制法関係
- 使用済燃料の再処理の事業に関する規則（昭和46年総理府令第10号）
- 再処理施設の設計及び工事の方法の技術基準に関する規則（昭和62年総理府令第12号）
- 加工施設、再処理施設、特定廃棄物埋設施設及び特定廃棄物管理施設の溶接の技術基準に関する規則（平成12年総理府令第123号）
- 核燃料物質の加工の事業に関する規則等の規定に基づき、線量限度等を定める告示（平成12年科学技術庁告示第13号）

②原子力安全委員会審査指針
- 核燃料施設安全審査基本指針
- 再処理施設安全審査指針
- 核燃料施設の立地評価上必要なプルトニウムに関するめやす線量について

(8) 放射性廃棄物の管理の事業

放射性廃棄物の管理の事業は、原子炉等規制法により規制されます。
①原子炉等規制法関係
- 核燃料物質又は核燃料物質によつて汚染された物の廃棄物管理の事業に関する規則（昭和63年総理府令第47号）
- 特定廃棄物埋設施設又は特定廃棄物管理施設の設計及び工事の方法の技術基準に関する規則（平成4年総理府令第4号）
- 加工施設、再処理施設、特定廃棄物埋設施設及び特定廃棄物管理施設の溶接の技術基準に関する規則（平成12年総理府令第123号）
- 核燃料物質等の工場又は事業所の外における廃棄に関する規則（昭和53年総理府令第56号）
- 核燃料物質の加工の事業に関する規則等の規定に基づき、線量限度等を定める告示（平成12年科学技術庁告示第13号）

- 核燃料物質等の工場又は事業所の外における廃棄に関する措置等に係る技術的細目（昭和53年科学技術庁告示第9号）

②原子力安全委員会審査指針
- 廃棄物管理施設の安全性の評価の考え方

(9) 放射性廃棄物の埋設の事業

放射性廃棄物の埋設の事業は、原子炉等規制法により規制されます。

①原子炉等規制法関係
- 核燃料物質又は核燃料物質によって汚染された物の第一種廃棄物埋設の事業に関する規則（平成20年経済産業省令第23号）
- 核燃料物質又は核燃料物質によつて汚染された物の第二種廃棄物埋設の事業に関する規則（昭和63年総理府令第1号）
- 特定廃棄物埋設施設及び特定廃棄物管理施設の設計及び工事の方法の技術基準に関する規則（平成4年総理府令第4号）
- 加工施設、再処理施設、特定廃棄物埋設施設及び特定廃棄物管理施設の溶接の技術基準に関する規則（平成12年総理府令第123号）
- 核燃料物質の加工の事業に関する規則等の規定に基づき、線量限度等を定める告示（平成12年科学技術庁告示第13号）

②原子力安全委員会審査指針
- 放射性廃棄物埋設施設の安全審査の基本的考え方

(10) 高レベル放射性廃棄物の処分

- 特定放射性廃棄物の最終処分に関する法律（平成12年法律第117号）
- 特定放射性廃棄物の最終処分に関する法律施行令（平成12年政令第462号）
- 特定放射性廃棄物の最終処分に関する法律施行規則（平成12年通商産業省令第151号）

(11) 核燃料物質の使用

核燃料物質の使用は、原子炉等規制法によって規制されます。
- 核燃料物質の使用等に関する規則（昭和32年総理府令第84号）
- 使用施設等の溶接の技術基準に関する規則（昭和61年総理府令第73

号)
- 試験研究の用に供する原子炉等の設置、運転等に関する規則等の規定に基づき、線量限度等を定める告示(昭和63年科学技術庁告示第20号)

(12) 核原料物質の使用

核原料物質の使用は、原子炉等規制法によって規制されます。
- 核原料物質の使用に関する規則(昭和43年総理府令第46号)
- 試験研究の用に供する原子炉等の設置、運転等に関する規則等の規定に基づき、線量限度等を定める告示(昭和63年科学技術庁告示第20号)

(13) 核燃料物質の運搬等

①陸上輸送
- 核原料物質、核燃料物質及び原子炉の規制に関する法律(昭和32年法律第166号)
- 核原料物質、核燃料物質及び原子炉の規制に関する法律施行令(昭和32年政令第324号)
- 核燃料物質等の工場又は事業所の外における運搬に関する規則(昭和53年総理府令第57号)
- 特定核燃料物質の運搬の取決めに関する規則(平成12年総理府令第124号)
- 核燃料物質等の工場又は事業所の外における運搬に関する技術上の基準に係る細目等を定める告示(平成2年科学技術庁告示第5号)
- 道路運送車両法(昭和26年法律第185号)
- 核燃料物質等車両運搬規則(昭和53年運輸省令第72号)
- 核燃料物質等車両運搬規則の細目を定める告示(平成2年運輸省告示第596号)
- 道路運送車両の保安基準(昭和26年運輸省令第67号)
- 核燃料物質等の事業所外運搬に係る危険時における措置に関する規則(昭和53年運輸省令第68号)
- 核燃料物質等の運搬の届出等に関する内閣府令(昭和53年総理府令

第48号）
② 海上輸送
- 船舶安全法（昭和8年法律第11号）
- 危険物船舶運送及び貯蔵規則（昭和32年運輸省令第30号）
- 船舶による放射性物質等の運送基準の細目等を定める告示（昭和52年運輸省告示第585号）
- 船舶による危険物の運送基準等を定める告示（昭和54年運輸省告示第549号）

③ 航空輸送
- 航空法（昭和27年法律第231号）
- 航空法施行規則（昭和27年運輸省令第56号）
- 航空機による放射性物質等の輸送基準を定める告示（平成13年国土交通省告示第1094号）

⒁ 解体・廃止措置関係

- 原子力安全委員会指針　原子炉施設の解体に係る安全確保の基本的考え方

⒂ クリアランス制度関係

クリアランス制度は原子炉等規制法の中に取り入れられています。
- 核原料物質、核燃料物質及び原子炉の規制に関する法律第六十一条の二第四項に規定する製錬事業者等における工場等において用いた資材その他の物に含まれる放射性物質の放射能濃度についての確認等に関する規則（平成17年経済産業省令第112号）
- 試験研究の用に供する原子炉等に係る放射能濃度についての確認等に関する規則（平成17年文部科学省令第49号）

3　放射性同位元素等の利用

放射性同位元素等による放射線障害の防止に関する法律（昭和32年法律第167号）（本書の中では「放射線障害防止法」としています。）

①全体
- 放射性同位元素等による放射線障害の防止に関する法律施行令（昭和35年政令第259号）
- 放射性同位元素等による放射線障害の防止に関する法律施行規則（昭和35年総理府令第56号）
- 登録認証機関等に関する規則（平成17年文部科学省令第37号）
- 放射線を放出する同位元素の数量等を定める件（平成12年科学技術庁告示第5号）
- 放射性同位元素等による放射線障害の防止に関する法律施行令第一条第五号の医療機器を指定する告示（平成17年文部科学省告示第76号）
- 荷電粒子を加速することにより放射線を発生させる装置として指定する件（昭和39年科学技術庁告示第4号）
- 表示付認証機器とみなされる表示付放射性同位元素装備機器の認証条件を定める件（平成17年文部科学省告示第75号）
- 放射性同位元素又は放射性同位元素によつて汚染された物の工場又は事業所における運搬に関する技術上の基準に係る細目等を定める告示（昭和56年科学技術庁告示第10号）
- 講習の時間数等を定める告示（平成17年文部科学省告示第95号）
- 使用の場所の一時的変更の届出に係る使用の目的を指定する告示（平成3年科学技術庁告示第9号）
- 教育及び訓練の時間数を定める告示（平成3年科学技術庁告示第10号）
- 変更の許可を要しない軽微な変更を定める告示（平成17年文部科学省告示第81号）

②輸送関係
- 放射性同位元素又は放射性同位元素によつて汚染された物の工場又は事業所の外における運搬に関する技術上の基準に係る細目等を定める告示（平成2年科学技術庁告示第7号）
- 放射性同位元素等に係る登録運搬方法確認機関に関する省令（平成17年国土交通省令第60号）
- 放射性同位元素等の事業所外運搬に係る危険時における措置に関する規則（昭和56年運輸省令第22号）

269

- 放射性同位元素等の運搬の届出等に関する内閣府令（昭和56年総理府令第30号）
- 放射性同位元素等車両運搬規則（昭和52年運輸省令第33号）
- 放射性同位元素等車両運搬規則の細目を定める告示（平成2年運輸省告示第595号）

4　核不拡散・核セキュリティ関係

(1)　保障措置関係

- 国際規制物資の使用等に関する規則（昭和36年総理府令第50号）
- 核原料物質、核燃料物質及び原子炉の規制に関する法律の規定に基づき国際規制物資を定める件（昭和47年総理府告示第49号）

(2)　核セキュリティ関係

- 放射線を発散させて人の生命等に危険を生じさせる行為等の処罰に関する法律（平成19年法律第38号）

5　原子力災害対策関係

(1)　原子力災害対策

①原子力災害対策特別措置法関係
- 原子力災害対策特別措置法（平成11年法律第156号）
- 原子力災害対策特別措置法施行令（平成12年政令第195号）
- 原子力災害対策特別措置法施行規則（平成12年総理府・通商産業省・運輸省令第2号）

②原子力安全委員会指針
- 原子力施設等の防災対策について
- 原子力災害時における安定ヨウ素剤予防服用の考え方について

- 緊急被ばく医療のあり方について
- 緊急時環境放射線モニタリング指針

(2) 原子力損害賠償

- 原子力損害の賠償に関する法律（昭和36年法律第147号）
- 原子力損害の賠償に関する法律施行令（昭和37年政令第44号）
- 原子力損害賠償補償契約に関する法律（昭和36年法律第148号）
- 原子力損害賠償補償契約に関する法律施行令（昭和37年政令第45号）

6　環境モニタリング関係

- 原子力安全委員会指針　環境放射線モニタリングに関する指針

7　国際条約関係

- 原子力の安全に関する条約
- 使用済燃料管理及び放射性廃棄物管理の安全に関する条約
- 原子力事故の早期通報に関する条約
- 原子力事故又は放射線緊急事態の場合における援助に関する条約
- 原子力の平和利用に係る協力のための二国間協定（米、英、仏、加、豪、中とユーラトムとの間でのそれぞれの協定）
- 核兵器の不拡散に関する条約（NPT）
- 包括的核実験禁止条約（CTBT）
- 核物質の防護に関する条約
- 核物質及び原子力施設の防護に関する条約（未発効）
- 核によるテロリズムの行為の防止に関する国際条約
- ロンドンガイドライン
- 原子力の分野における第三者責任に関するパリ条約（我が国は未批准）
- 原子力損害の民事責任に関するウィーン条約（我が国は未批准）

- 改正パリ条約（未発効、我が国は未批准）
- 改正ウィーン条約（我が国は未批准）
- 原子力損害の補完的補償に関する条約（CSC、我が国は未批准）

8　IAEAの原子力安全関係の基準類

　IAEAの安全基準は、上位の順から、安全原則（Safety Fundamentals）、安全要件（Safety Requirements）と安全ガイド（Safety Guides）から構成されています。安全規制と安全規制体制等に関する基本的な文書は、次の通りです。

- 安全原則：「Fundamental Safety Principles」（「安全原則」）（No.SF-1）（10項目の安全原則が示されています。）
- 安全要件：「Legal and Governmental Infrastructure for Nuclear, Radiation, Radioactive Waste and Transport Safety」（「原子力、放射線、放射性廃棄物及び輸送の安全のための法令上及び行政上の基盤」）（No.GS-R-1）
- 安全ガイド：「Regulatory Inspection of Nuclear Facilities and Enforcement by the Regulatory Body」（「規制機関による原子力施設に対する検査と行政処分」）（No.GS-G-1.3）

（参考資料）

①原子力規制関係法令研究会編著　原子力規制関係法令集　大成出版社（2010年）
②原子力安全委員会指針集（改訂13版）　大成出版社（2011年）
③平成19・20年度版原子力安全白書（2009年）
④やさしい核物質管理読本　核物質管理センター（2009年）
⑤放射線障害の防止に関する法令　概説と要点（改訂8版）（社）日本アイソトープ協会（2009年）
⑥原子力防災法令研究会編著　原子力災害対策特別措置法解説　大成出版社（2000年）
⑦あなたに知ってもらいたい原賠制度（原産協会メールマガジン別冊特集）㈳日本原子力産業協会（2009年）
⑧原子力ハンドブック編集委員会編　原子力ハンドブック　オーム社（2007年）
⑨有冨正憲、内野克彦、志村重孝著　核燃料物質等の安全輸送の基礎　ERC出版（2007年）
⑩原子力ポケットブック　電気新聞（2009年）
⑪飯田博美編　放射線用語辞典　通商産業研究社（2001年）
⑫神田啓治、中込良廣編　原子力政策学　京都大学学術出版会（2009年）

〈著者紹介〉

広瀬　研吉（ひろせ　けんきち）

[学歴]
・昭和47年九州大学工学部（応用原子核工学科）卒業、昭和49年3月九州大学大学院工学研究科修士課程修了、平成10年京都大学大学院エネルギー科学研究科博士後期課程修了（同年京都大学から博士号（エネルギー科学）の授与）。

[職歴]
　昭和49年旧科学技術庁入庁。核燃料規制課長、原子力安全課長、経済産業省原子力安全・保安院審議官、文部科学省大臣官房審議官、内閣府原子力安全委員会事務局長、経済産業省原子力安全・保安院長を経る。原子力法制・核セキュリティ研究会主宰。東海大学教授、福井大学特命教授等。

わかりやすい原子力規制関係の法令の手引き

2011年4月8日　第1版第1刷発行

編　著　　広　瀬　研　吉

発行者　　松　林　久　行

発行所　　株式会社 大成出版社

東京都世田谷区羽根木1－7－11
〒156-0042　電話03(3321)4131(代)

Ⓒ2011　広瀬研吉　　　　　印刷　亜細亜印刷
落丁・乱丁はおとりかえいたします。
ISBN978-4-8028-2983-0

関連図書のご案内

［2010年］原子力規制関係法令集

編著◎原子力規制関係法令研究会

A5判・2,100頁・定価7,875円（本体7,500円）・図書コード2965

原子力規制に関する法令等を最新の内容で収録した決定版！行政関係者はもとより、試験研究機関、取扱事業所の実務担当者必備の書!!

［改訂13版］原子力安全委員会指針集

A5判・1,650頁・定価7,700円（本体7,333円）・図書コード2967

原子力施設の安全審査に関する各種指針及び専門部会報告書等をすべて収録した関係者必需の書であり、新しく制定された「環境放射線モニタリング指針」ほか、新規部会報告書を追加収録した最新版！

原子力災害対策特別措置法解説

編著◎原子力防災法令研究会

A5判・500頁・定価5,250円（本体5,000円）・図書コード1463

原子力防災対策の新しい枠組みを示す新たに制定された「原子力災害対策特別措置法」の唯一の逐条解説書！「防災基本計画」「災害対策基本法令の読替え」等関連資料も完全収録!!

株式会社 大成出版社
〒156-0042 東京都世田谷区羽根木1-7-11
TEL 03-3321-4131　FAX 03-3325-1888
http://www.taisei-shuppan.co.jp/

※ホームページでもご注文を承っております。